JN241370

教えて！

クラゲのほんと

世界一のクラゲ水族館が答える100の質問

編著　鶴岡市立加茂水族館

CONTENTS

クラゲ
解説コーナー
KURAGE BAR
栽培センター

はじめに

2019年12月初旬からわずか数カ月ほどの間で、新型コロナウイルス感染症（COVID-19）が世界的に流行しました。その影響で、加茂水族館が臨時休館したこともありました。また、多くのお客様が水族館に来られない日々が続きました。

そんな中、加茂水族館ではX（旧Twitter）やFacebook、InstagramなどのSNSを通じて、お客様に生きものの元気なようすなどを伝えることをはじめました。私もみなさんが見て少しでも楽しめるような投稿ができないか、日々考えながら仕事をしていました。あるとき、ふだんお客様からよく寄せられる質問に答えた内容の投稿をしたらおもしろいだろうなぁと思い、わかりやすいように手描きのイラストをつけて、毎日1問ずつ、合計100問投稿しました。これが、この本のもとになった「クラゲ100の質問」が誕生した瞬間です。

この本は、そんな「クラゲ100の質問」の内容を読みやすくまとめただけでなく、大学や研究所などのクラゲにくわしい先生方にも協力していただき、より興味深い内容をふくめた「もっと知りたい」という記事も掲載しています。

この本に出会ったことをきっかけに、クラゲをより一層好きになってくれたらうれしいです。この本を読み終わったとき、みなさんはクラゲのおもしろさにおどろいていると思います。そんなクラゲのおもしろさを、まわりにいるたくさんの人に教えてあげてくださいね。

加茂水族館 クラゲ担当　池田周平

01

クラゲってなに？

飼育員さんからの回答

「体のほとんどが水でできたゼラチン質のプランクトン」です。

「クラゲってなに？」と聞かれて、すぐに答えられる人はなかなかいないと思います。

クラゲは「体の 95 パーセント以上が水でできたゼラチン質のプランクトン」です。難しい言い方をしましたが、簡単にいうと、体のほとんどが水でできている、フワフワとただよっている生きもののことです。

体のほとんどが水なので、死んだ後に水中に入れたままにすると、とけてなくなってしまいます。加茂水族館で飼育しているミズクラゲの体の成分を調べたところ、実際にほとんどが水で、それ以外は少量のタンパク質や脂質、炭水化物などがふくまれていました。

ミズクラゲの成分（100グラムあたり）	
水	96.4グラム
タンパク質	0.2グラム
脂質	0.1グラム
炭水化物	0.6グラム
海水由来のミネラル その他	2.7グラム

02

クラゲはプランクトンなの？

飼育員さんからの回答

プランクトンです！

プランクトンは「目に見えないくらい小さな生きもの」と思われがちですが、実は、水の流れに逆らえずに流されてただよっている生きものはすべて「プランクトン」といいます。つまり、生きものの体の大きさはまったく関係ありません。

ニュースなどでよく話題になる巨大なエチゼンクラゲも、目に見えないくらい小さなクラゲの赤ちゃんも、すべて「プランクトン」です。

また、流れに逆らって自由に泳ぎまわることができる生きものを「ネクトン」、ほとんどを海底で生活している生きものを「ベントス」とよびます。

クラゲはみんな毒をもっているの？

飼育員さんからの回答

毒をもつクラゲも
毒をもたないクラゲもいます。

クラゲのなかまは、毒針をもつ刺胞動物と毒針をもたない有櫛動物に分かれます。一部の例外はありますが、基本的に体が７色にキラキラと光っているクラゲは毒をもっていません。

海で泳いでいるときや、水族館でクラゲを見るときは、そのクラゲが毒をもっているか注目してみてくださいね。

刺胞動物
刺胞とよばれる毒針をもちます。
触手にはたくさんの刺胞があります。

有櫛動物
体に櫛板があります。

もっと知りたい

クラゲの刺胞（毒針）1

東京理科大学生命医科学研究所　落合淳志

クラゲの刺胞

毒をもつクラゲは刺胞動物です。でも、透明で毒をもつクラゲと同じように見える「ウリクラゲ」は、毒針をもたない有櫛動物です。毒針をもつクラゲとウリクラゲは同じように見えても、分類学上、まったくちがう生きものです。

刺胞動物の生物学的な特徴は、名前のとおり刺胞があることです。クラゲの他には、サンゴやイソギンチャクも刺胞動物です。

クラゲの刺胞を顕微鏡で見ると、刺胞細胞が集まって小さな山のような形をしてかたまりになっています。触手や傘の表面を中心に、体のさまざまなところにあります。特に触手の全体にあり、次に傘の上面の方に多く、下面の方では少なくなります。

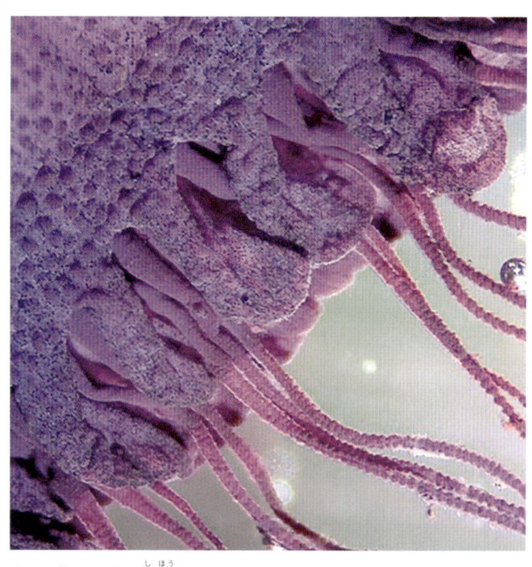

▲ミズクラゲの刺胞。

▲クラゲの刺胞細胞は触手と傘の上面に集まっていて、たくさんの小さな山が観察できます。まるでチェーンやネックレスのようです。

04

クラゲはなんで毒をもっているの？

飼育員さんからの回答

クラゲが生きていく上で大切な武器だからです。

　クラゲは毒で外敵から身を守ったり、エサをつかまえたりします。この毒は、クラゲが生きていく上でとても大切な武器なのです。ただし、クラゲには脳がないので、自分から外敵やエサにおそいかかることはありません。

　また、クラゲの毒の成分は解析が難しく、種類がはっきりわかっていないものも多いです。

アカクラゲ

海岸に打ち上げられたアカクラゲが乾いて粉になり、飛んでいって人の鼻の中などに入ると、くしゃみがとまらなくなるといわれています。そのため、「ハクションクラゲ」とよばれることもあるそうです。

クラゲの毒針はどこにあるの？

飼育員さんからの回答

さまざまな場所にあります。

クラゲの傘のまわりには、「触手」とよばれる長い糸がたれています。この中に、「刺胞」という毒針が入った細胞がたくさんあります。海ではよくクラゲにさされますが、これは、触手の中の刺胞の毒針にさされているのです。

また、刺胞は触手以外にも傘や口腕（クラゲのうでにあたる部分）といったさまざまな場所にあり、さらにクラゲの種類によってさまざまな形や特徴をもちます。

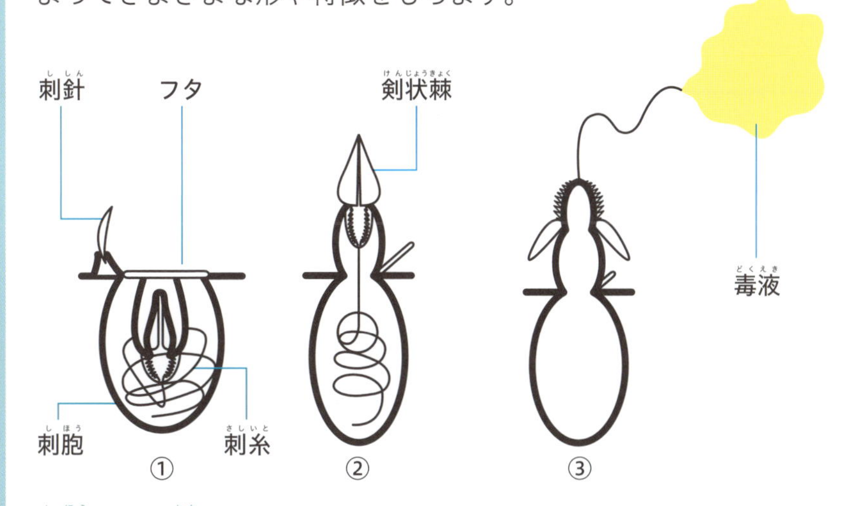

刺胞のさし方

①刺激を刺針が察知します。
②刺胞から剣状棘が飛び出して相手につきささります。
③刺糸が相手の体内に入りこみ、毒液を注入します。

もっと知りたい

クラゲの刺胞（毒針）2

東京理科大学生命医科学研究所　落合淳志

クラゲの毒

クラゲの毒は、ハブクラゲのように人も死んでしまうような強いものから、ミズクラゲのように弱いものまでさまざまです。ですが、その毒の成分はまだ十分にわかっていません。

2020年に、エチゼンクラゲの毒の成分をくわしく研究した内容が発表されました。最新技術で解析したところ、エチゼンクラゲには少なくとも13種類の毒があり、それぞれちがう作用をもっていました。このさまざまな種類の毒がカクテルのようにまざって入っているようです。精製したエチゼンクラゲの毒では、ネズミも死んでしまうそうです。

クラゲの毒針

クラゲは直接さわったり（物理的刺激）、酸を感じたり（化学的刺激）すると、刺胞から毒針が発射されます。クラゲにとって、毒針はなくてはならないアイテムです。刺胞細胞の中には、**Q05** の図のとおりチューブのような針（刺糸）が入っていて、針の根もとにはシャフトがあり、まわりには毒液が入っています。そして、刺激があるとフタが開いて、100万分の1秒以下というすごい速さで針と毒液が発射されます。クラゲの毒針の形は、シャフトの形のちがいから大きく3種類に分けられるようですが、その機能はまだ十分にわかっていません。また、種類によっては刺胞細胞が袋の中にあって、袋ごとエサや外敵に放出するクラゲもいます。

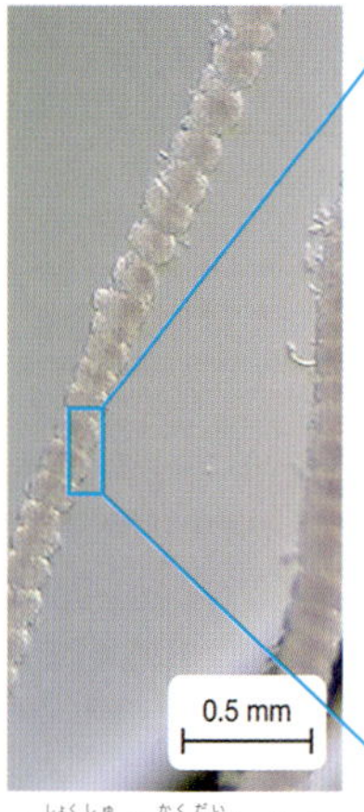

▲触手を拡大したところ。

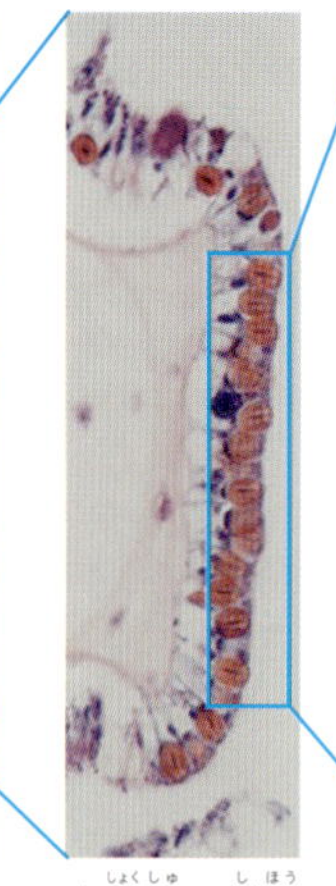

▲触手の刺胞細胞。

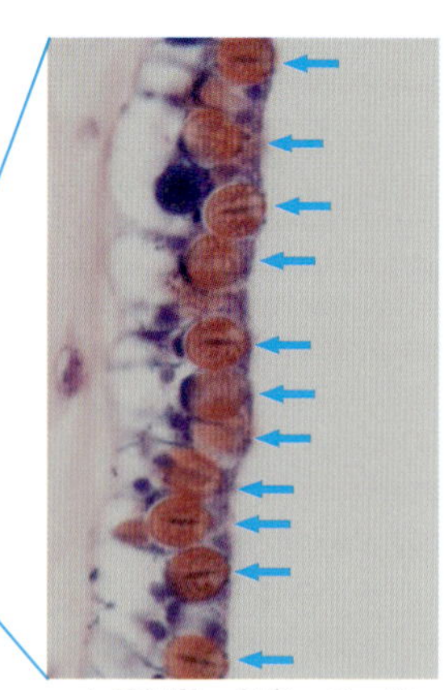

▲刺胞細胞の毒針。針を発射する前の細胞と、発射した後の細胞があります。

06

クラゲの毒はどれくらい強いの？

飼育員さんからの回答

種類によってちがいます。

　クラゲの毒の強さ自体は種類によってだいたい決まっています。ですが、どれくらい痛いと感じるかは、クラゲの毒針の長さや、さされたときに入った毒の量、さされてからの時間、さされた人の体質・体調などにも左右されます。加茂水族館に来たときに解説パネルを見て確認してみてくださいね。

加茂水族館で解説している毒の強さ

最強：めまいがする。苦しい。やばい。命の危険。
強　：ミミズみたいにはれる。痛くてねむれない。
弱　：ひりひりする。かゆい。

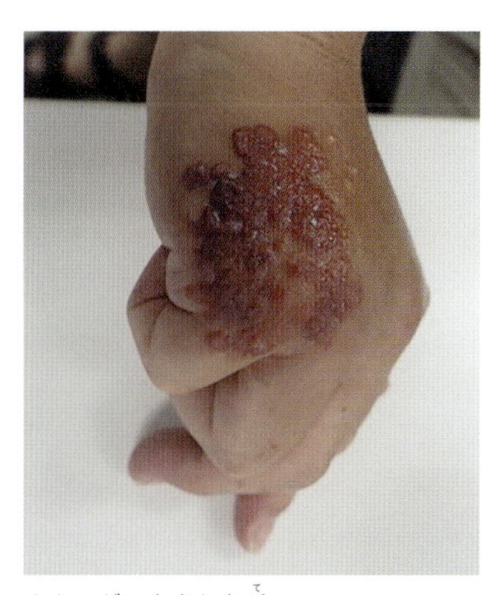

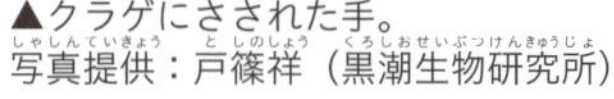
▲クラゲにさされた手。
写真提供：戸篠祥（黒潮生物研究所）

ミズクラゲ

「クラゲといえばこれ!」というくらい、有名なクラゲです。日本各地の多くの水族館で展示されています。加茂水族館のミズクラゲはすべて繁殖した個体で、外の海を知りません。

07

ミズクラゲは毒をもっていないってほんと？

飼育員さんからの回答

実は、毒をもっているんです！

ミズクラゲにもちゃんと毒針がありますが、毒針が短く、人の皮ふを通りぬけないといわれています。

ただし、毒針が顔や傷口などの皮ふのうすい部分にふれると痛みを感じます。以前、飼育員が顔をさされたときは、半日痛みがとれませんでした。ミズクラゲの毒は、コブラ（毒ヘビ）の 1/4 くらいの強さをもつといわれています。うかつに素手でさわるのはやめましょう。

また、毒の弱い種類のクラゲでも、何度もさわってさされると「アナフィラキシー」というアレルギー反応が全身に現れて、命にかかわることがあります。アナフィラキシーはひどくなると息ができなくなったりして、最悪の場合、死んでしまうこともあるそうです。

08 クラゲにさされたらどうすればいいの？

飼育員さんからの回答

海から出て、
病院に行ってください。

まずは、おぼれないようにすぐに海から出てください。

そして、さされたところに触手がついている場合は、すぐに海水で洗いながら取り除いてください。淡水で洗うと毒針をよけいに刺激して発射させる可能性があるので、必ず海水で洗ってください。

痛みなどがひどい場合は、すぐに近くの病院に行ってください。海の近くに病院があれば、過去にも同じようにクラゲにさされた人が来院した可能性があるため、治療に慣れているお医者さんがいるかもしれません。呼吸ができないなど、危険な場合はすぐに救急車をよんでください。

加茂水族館のまわりの海では、春になると「カギノテクラゲ」が現れます。非常に危険な種類なので、海に入るときは気をつけてくださいね。

▲カギノテクラゲが現れる場所と、海藻にひそむカギノテクラゲ。

カギノテクラゲ

わずか数センチメートルほどの小さなクラゲですが、毒が強いです。傘の形が丸くてうすい「ちゃぶ台＝飯台」に似ていることから「バンダイムシ」、さらになまって「バンデムシ」とよばれ、おそれられています。

もっと知りたい

人はときに思い上がり ときに学ぶことができる生きものである

加茂水族館 館長　奥泉和也

事件発生！カギノテクラゲの毒

私はクラゲにさされてもかゆくなる程度だったので、自分はクラゲの毒に強い体質だと思い、加茂水族館でクラゲの展示をはじめたころは素手で水槽のそうじやクラゲの採集をおこなっていました。思い上がりもはなはだしいですね。

天気がいいある日、ルンルン気分でカギノテクラゲの採集に行きました。もちろん手袋はしていません。カギノテクラゲは毒が強く、春～初夏にかけて浅い磯場の海藻の中に出現します。網でごそごそやると簡単につかまえることができます。その日も数百匹のカギノテクラゲやエダアシクラゲを採集し、大満足でした。

しかし、異変は十数分後に起こりました。「チクリ」ともさされた感覚がないのに、体がだるくなってきて節々が痛くなり、熱が出て、体温を測ると39℃をこえています。そのうちにのどがはれて、息が苦しくなりました。心臓はガンガンと脈打ち、絶望感が訪れました。

「これはまずい、死んでしまう。」

急いで病院に向かって処置を受けました。退院したのは3日後のことです。それからも10日ほどはときどき熱と痛みが出たものの、仕事にももどれました。復帰後の最初の仕事は、カギノテクラゲの採集。しかし、そこには進化した私がいました。網をあやつる手がしっかりと手袋で守られていたのです。

◀当館では年に一度、刺傷被害を減らすため、「クラゲ学習会」でカギノテクラゲの採集をおこなっています。参加者からは、毒の強いカギノテクラゲがとても身近な海に生息していることにおどろかれます。

09

クラゲは毒針を どうやって手に入れるの？

飼育員さんからの回答

体の中でつくったり、他のクラゲから盗んだりします。

刺胞動物のクラゲは、基本的に毒針が入った刺胞を自らの体の中でつくり出しています。

しかし、毒針をもたないとされる有櫛動物のクラゲの中には、他のクラゲから刺胞を盗む「盗刺胞」をするものもいます。

フウセンクラゲモドキは、発見されたときは刺胞をもっている有櫛動物だと注目されましたが、後に、他の刺胞動物の中のヒドロ虫綱のクラゲを食べて刺胞を盗んで、たくわえていることがわかりました。盗んだ刺胞は触手にためこんで、エサをつかまえたり、身を守ったりするのに使います。

フウセンクラゲモドキ

わずか5ミリメートルほどの小さなクラゲです。特にツヅミクラゲが好物のようです。

10

クラゲに電気があるの？

飼育員さんからの回答

ありませんが、
「電気クラゲ」ならいます。

クラゲは電気をもっていませんが、カツオノエボシなどは「電気クラゲ」とよばれることもあります。それは、さされると電気が走るような激痛におそわれるからだといわれています。

カツオノエボシは砂浜に打ち上げられていることが多く、その姿は一見するときれいな青い宝石のようです。ですが、まちがえて触手にふれてしまうと、刺胞から毒針が飛び出し、さされてしまいます。さされた人は、ひどい場合はアナフィラキシーショックを引き起こして死んでしまうこともあるようです。

▲砂浜に打ち上げられたカツオノエボシ。
写真提供：戸篠祥（黒潮生物研究所）

カツオノエボシ

強力な毒をもつクラゲとして有名です。飼育しても数週間以内に死んでしまうことがほとんどで、長期飼育ができるよう日々努力しています。

11

クラゲの触手(しょくしゅ)はちぎれても大丈夫(だいじょうぶ)なの？

飼育員(しいくいん)さんからの回答(かいとう)

生(は)えてくるので大丈夫(だいじょうぶ)です。

クラゲの触手(しょくしゅ)はからまってしまったときなどによくちぎれます。しかし、この触手(しょくしゅ)は何回(なんかい)でも再生(さいせい)します。また、種類(しゅるい)によっては口腕(こうわん)も再生(さいせい)してしまいます。

加茂水族館(かもすいぞくかん)では、クラゲどうしが同(おな)じエサをつかまえたときなどに触手(しょくしゅ)がからまってしまい、ちぎれてしまうようすがよく観察(かんさつ)されます。ですが、多(おお)くの種類(しゅるい)が数週間以内(すうしゅうかんいない)にまた生(は)えてきます。

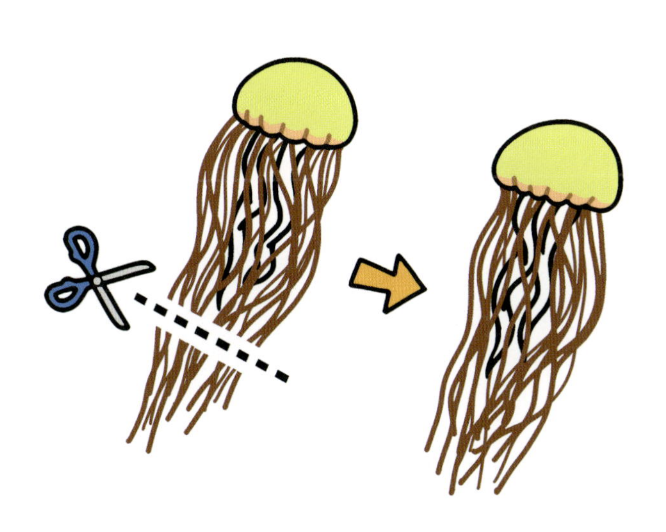

パシフィックシーネットル

アメリカ西海岸のカリフォルニア州～オレゴン州に生息し、ときに大量発生して海岸におしよせることがあるそうです。加茂水族館では、弱ってしまったミズクラゲを食べやすい大きさに切って、エサとしてあたえています。

ハブクラゲ

沖縄本島～石垣島でみられ、沖縄県では毎年刺傷被害が出ています。毒が非常に強く、さわった人は呼吸困難になったり、心臓や呼吸がとまってしまったりする、危険なクラゲです。

12

クラゲの中でいちばん強い毒をもつ種類は？

飼育員さんからの回答

「キロネックス」というクラゲだといわれています。

毒がいちばん強いクラゲは、オーストラリアの海に生息する「キロネックス」という種類だといわれています。キロネックスは「オーストラリアウンバチクラゲ」ともよばれていて、キロネックスの毒が人の体内に入ると、ひどい場合は15分以内に死ぬこともあるそうです。猛毒をもつキロネックスですが、日本には生息していません。

また、クラゲの毒が人にどのように作用するかは、さされたときに入った毒の量や時間、さされた人の体質・体調にも左右されます。

13

さわっても痛くないクラゲは平気でしょ？

飼育員さんからの回答

平気ではありません。
さわらないようにしましょう。

毒性の弱いクラゲでも、何回もさわるとアレルギー反応を引き起こし、人によってはアナフィラキシーを起こすことがあります。アナフィラキシーとは、体の中に2回以上くり返し同じ毒が入ることで急激に体の状態が悪くなるアレルギー反応のことで、個人差がありますが、さまざまな症状が現れます。

ひどい場合は「アナフィラキシーショック」といって、呼吸困難や腹痛を起こしたり、吐いたり、急激に血圧が低くなって意識を失うなど、危険な状態になることもあります。

お客様からも「子どものころはクラゲを投げて遊んだなぁ〜」とよく聞きますが、実はとても危険な行為なのです。また、クラゲも生きものです。よい子は投げないようにしましょう。

もっと知りたい

クラゲのカシオソーム

東北大学大学院農学研究科　エイムズ シェリル

刺す水の正体

さわっても痛くないクラゲの種類は、確かにいくつかあります。例えば、水族館のタッチタンク（生きものを直接さわれる水槽）の中にいるミズクラゲは、ほとんどの人がさわっても大丈夫です。クラゲはふつう毒針（刺胞）をもっていますが、さわっても大丈夫なクラゲの毒針は短いから、人に被害が少ないのです（ただし、顔などの皮ふのうすい部分にふれるとささってしまいます）。

ところで、シュノーケリングやクラゲの水槽の水換えのときに、水にさわるだけでチクチクして痛みすら感じることがあり、「刺す水」として知られています。その原因が「根口クラゲ」とよばれているグループで、サカサクラゲやタコクラゲなど、およそ 80 種類が存在し、世界中の海に広く分布しています。そのグループの中のクラゲのある種類が口のまわりから出す粘液には毒針のかたまりがふくまれていて、手榴弾のように、クラゲからはなれたところにも毒を運びます。これが「刺す水」の正体です。毒針のかたまりはサカサクラゲの属名である「カシオペア」にちなんで、「カシオソーム」と名づけられました。

近年になって、このカシオソームが動物プランクトンを殺すことが確認され、「粘液爆弾」とよばれるようになりました。クラゲがそんなしくみをもった理由は、食事のためだけでなく、身を守るためだと考えられます。

現在の研究では、「刺す水」のリスクを解明するために、根口クラゲのどの種類がカシオソームをつくるのかを検証しています。ご注目ください。

▲加茂水族館のタコクラゲ。矢印が口のまわりです。

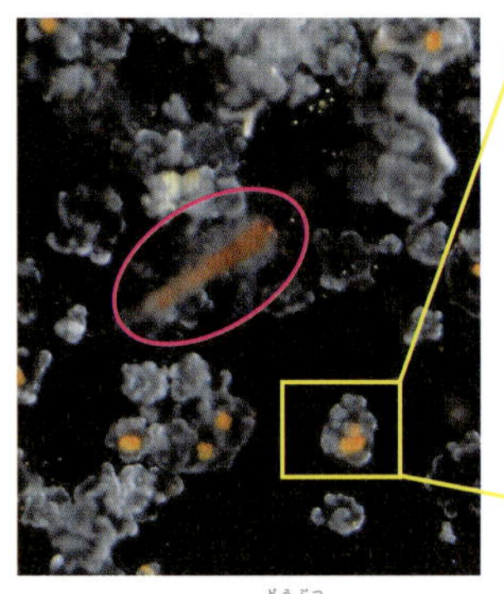

▲カシオソームが動物プランクトンを殺しているところ（丸）。

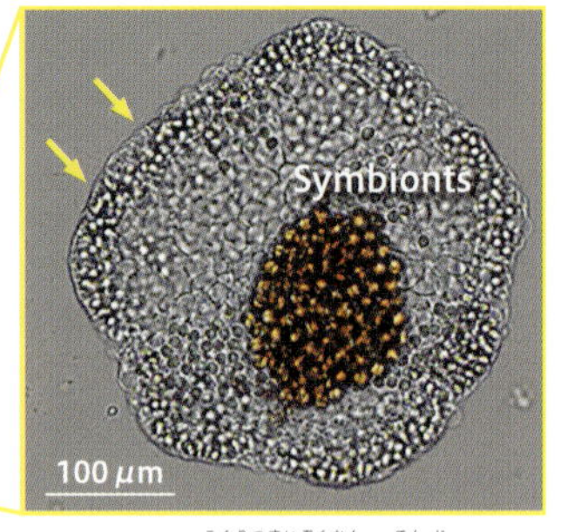

▲アメリカの国立水族館で展示されたタコクラゲの粘液から取り出したカシオソーム。顕微鏡で拡大すると、外側には刺胞（矢印）があることがわかりました。

14

飼育員はクラゲにさされないの？

飼育員さんからの回答

さされるのを防いでいます。

飼育員は水槽で作業をするときにポリエチレン手袋をして、さされるのを防ぎます。

加茂水族館では、牛の獣医さんなどがよく使う直腸検査用手袋を使っています。この手袋を破るほどの毒針をもつクラゲはいないので、安心して作業ができます。

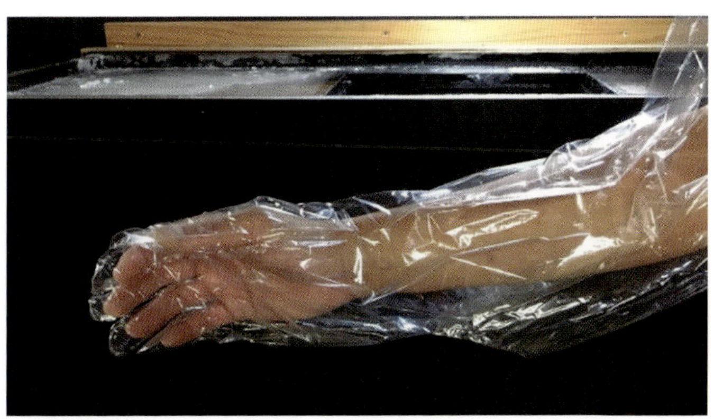

▲加茂水族館の飼育員が使用している手袋。腕までおおうことができます。

15

ジェリーフィッシュレイクのタコクラゲには毒がないの？

飼育員さんからの回答

毒針があり、弱い毒をもっています！

パラオにある、ジェリーフィッシュレイクという海水の湖に生息するタコクラゲのなかまは、外敵がいないため毒針が退化してしまったとよくいわれます。ですが、実はちゃんと毒針があり、弱い毒をもっています。

加茂水族館では過去にパラオへクラゲ調査に行っていますが、館長がそのタコクラゲのなかまを口に入れたときに刺激を感じたそうです。現地のガイドの方も、何回もジェリーフィッシュレイクにもぐると体がチクチクするそうです。おそらく弱い毒でも何回もさされるとアレルギー反応が起こり、毒に対して体が強く反応するようになってしまうからだと考えられます。

もっと知りたい

パラオ海水湖のクラゲの進化

山形大学理学部　半澤直人、宮下舞香、中内祐二

ジェリーフィッシュレイクのタコクラゲ

パラオのジェリーフィッシュレイクのタコクラゲは外海のタコクラゲにくらべて口腕が短く、体も小型です。外海のタコクラゲは他のクラゲと同じく刺胞をもち、刺胞から刺糸（毒針）を出して動物プランクトンを毒でまひさせて食べ、タコクラゲを食べようとする大型の魚などからも身を守っています。しかし、外敵がいないジェリーフィッシュレイクのタコクラゲは刺胞が退化して、動物プランクトンをつかまえて食べることはあまりなく、体内の共生藻が光合成をしてつくった栄養をもらって生きているとされています。

そこで、ジェリーフィッシュレイクと外海、それぞれのタコクラゲの刺糸の長さを調べてみました。その結果、ジェリーフィッシュレイクのタコクラゲの方が外海のタコクラゲより刺糸が短く、もし人がさされても神経まで届かないため、痛みを感じないことがわかりました。このように、実際にジェリーフィッシュレイクのタコクラゲの刺胞は退化しています。ただし、人のくちびるなど、神経が浅いところに出ている部分をさされるとわずかに痛みを感じて、特にクラゲの毒にアレルギーをもつ人はかゆくなるため、毒は少し残っているようです。

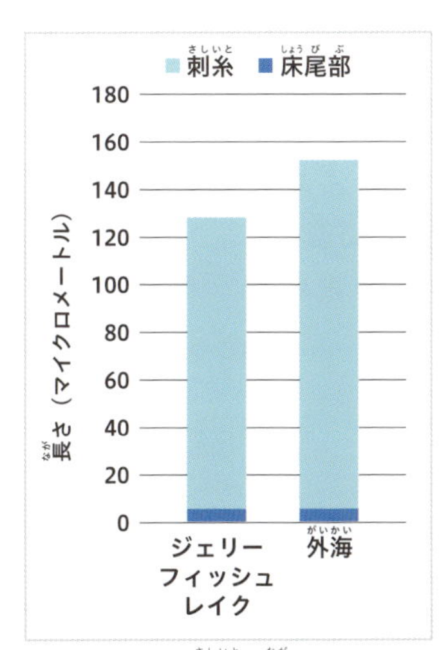

▲タコクラゲの刺糸の長さをくらべると、ジェリーフィッシュレイクのタコクラゲの刺糸の方が短いです。

▶ジェリーフィッシュレイクのタコクラゲ。体内の共生藻に光合成をしてもらうため、太陽光をあびています。

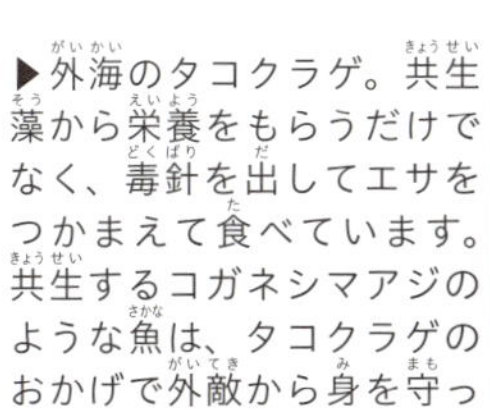

▶外海のタコクラゲ。共生藻から栄養をもらうだけでなく、毒針を出してエサをつかまえて食べています。共生するコガネシマアジのような魚は、タコクラゲのおかげで外敵から身を守っています。

16

クラゲにはなんで色があるの？

飼育員さんからの回答

さまざまな環境に適応するためです。

クラゲは半透明か透明であることが多いですが、種類によっては体に色があるクラゲがいます。これは、さまざまな環境に適応するためです。

太陽の光は大きく7色（赤、オレンジ、黄、緑、青、藍、紫）に分けることができます。そして、海の中では、太陽の光は水に吸収されていきます。しかし、すべての色が同じだけ吸収されるわけではありません。

水中では緑や青の光は吸収されにくく、赤や黄の光は吸収されやすいという性質があります。つまり、青色は海の浅いところでも深いところでも見えやすいですが、赤色は海が深いところでは見えづらく、黒く見えます。

例えば、海の浅いところにいるカツオノエボシの体は青色です。これは、空からだと青い海と同化して見えるため、鳥におそわれるのを防ぐことができると考えられています。

反対に、深海では赤色が保護色になると考えられ、深海に生息するクラゲは赤色が多いです。

太陽の光には
ほぼすべての色の光が
ふくまれている

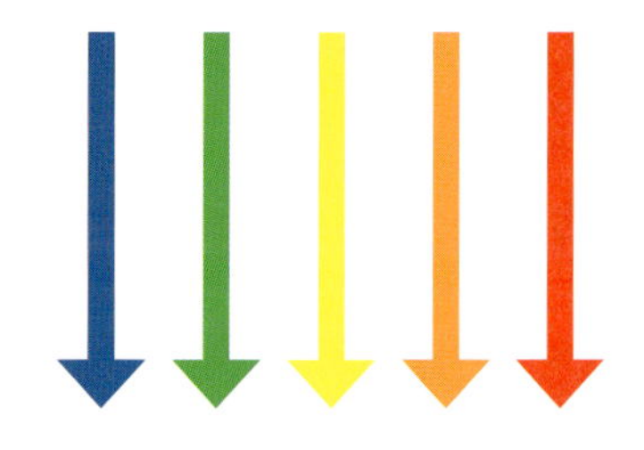

水中では赤の光から順に吸収される

目に届く
光の色

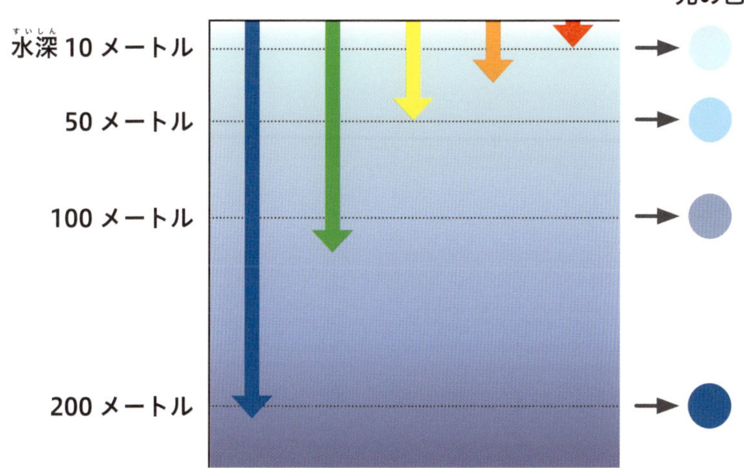

水深 200 メートルより深いと
光はほとんど届かない

17

カトスティラスはどうしていろんな色なの？

飼育員さんからの回答

なんのために色がついているのかはまだわかっていません。

カトスティラスは同じ種類でもさまざまな体色があり、おもに白・青・茶の３色です。ただし、なぜ色がちがうのか、なんのために色がついているのかはわかっていません。加茂水族館で繁殖しているカトスティラスは白っぽい色がほとんどですが、まれにうすい青色も現れます。エサも同じものをあたえているため、エサが色の変わる理由ではないことは確かですが、いつか色がつく原因を解明してみたいですね。

18

クラゲはなんで透明なの？

飼育員さんからの回答

外敵にみつからないようにしているのです。

海で泳いでいるときにクラゲにさされても、なかなかみつけられないですよね。透明になることで、外敵にみつからないようにしているのです。

カトスティラス

フィリピンなどからペットとして輸入されているクラゲです。「カラージェリー」や「ブルージェリー」ともよばれ、色のバリエーションがとても多いですが、繁殖個体ではバリエーションがみられにくいです。

ギヤマンクラゲ

名前の「ギヤマン」はガラス製品やガラス細工のことで、オランダ語の「ダイヤモンド」に由来する言葉です。近年まで別の種類のクラゲと同じだと思われていましたが、DNAを調べた研究で実は新種であることが発覚しました。

19

目玉焼きクラゲってなに !?

飼育員さんからの回答

なぜその形なのかは
わかっていません……。

コティロリーザ・ツベルクラータは、その姿形から、「目玉焼きクラゲ」という別名があります。

なぜその形なのかは飼育員にもわかりません……。

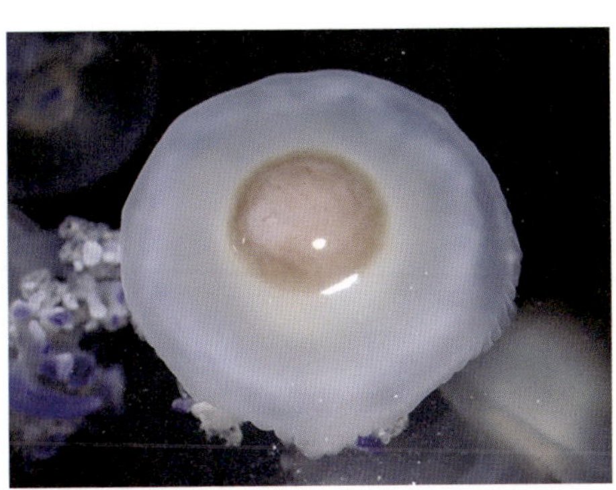

◀目玉焼きみたいなコティロリーザ・ツベルクラータ。

◀コティロリーザ・ツベルクラータみたいな目玉焼き。

コティロリーザ・ツベルクラータ

見た目が目玉焼きのような形のおもしろいクラゲです。成長すると口腕の先がすみれ色になります。

20

最大と最小のクラゲはどれ？

飼育員さんからの回答

最大はエチゼンクラゲなど、
最小はオベリアクラゲなどです。

大きなクラゲは、エチゼンクラゲやキタユウレイクラゲで、傘の大きさが1メートル以上になります。また、長さでいえばマヨイアイオイクラゲは40メートルにもなります。
小さなクラゲはオベリアクラゲなどで、大きさは1ミリメートル以下の種類もいます。

エチゼンクラゲ

数年の周期で大量発生しています。非常に大きくなるクラゲですが、寿命は1年未満と考えられています。

キタユウレイクラゲ

世界最大級のクラゲで、『シャーロック・ホームズ』の小説にも登場します。英名では「Lion's mane jellyfish（ライオンのたてがみクラゲ）」とよばれています。

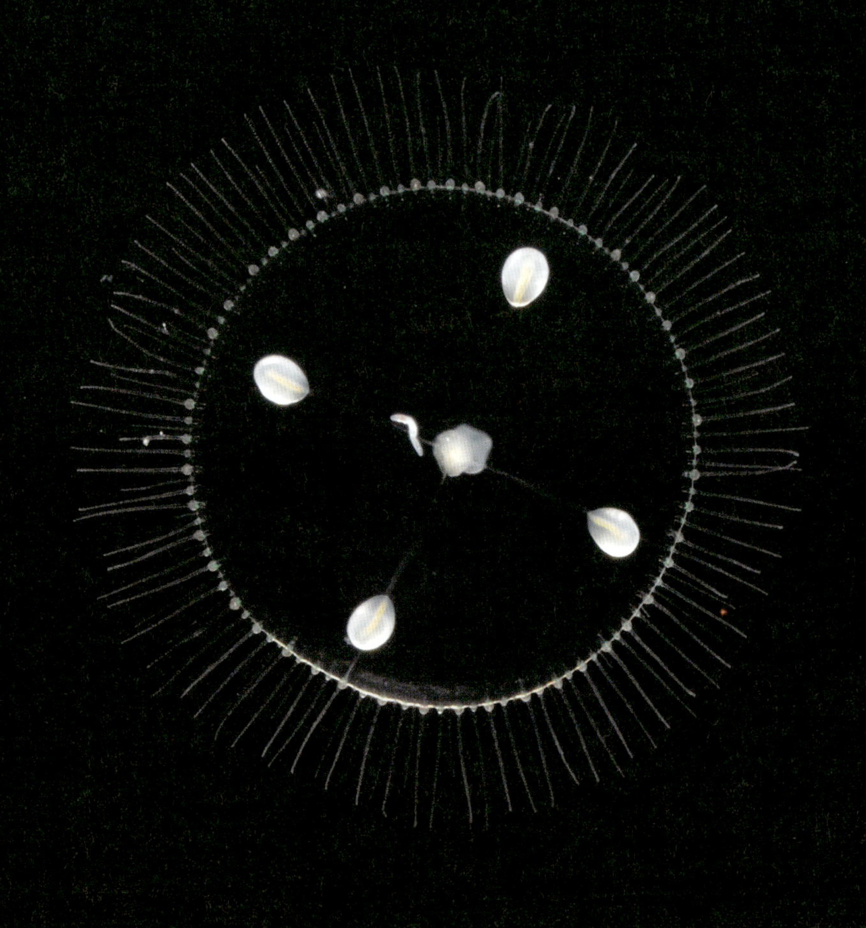

オベリアクラゲのなかま

オベリアクラゲは種類(しゅるい)の同定(どうてい)が非常(ひじょう)に難(むずか)しく、加茂水族館(かもすいぞくかん)では *Obelia* sp.（オベリアクラゲのなかま）として展示(てんじ)しています。ポリプからはなれた（遊離(ゆうり)）ばかりの赤(あか)ちゃんクラゲは 0.5 ミリメートルほどとかなり小(ちい)さく、虫(むし)めがねがないとみつけるのは難(むずか)しいです。

21

クラゲに目はあるの？

飼育員さんからの回答

目があります。

クラゲには目があります。ただし、私たちのように物が見えているわけではなく、明るいか暗いかしかわからないようです。

例えば、ミズクラゲには傘のふちのくぼんでいるところに、白い点のような「感覚器」とよばれる器官があります。その中に明るさを感じる「眼点」があります。この器官のおかげで、光の刺激で放精や放卵をしたり、光に反応して行動する（走光性）種類もいます。

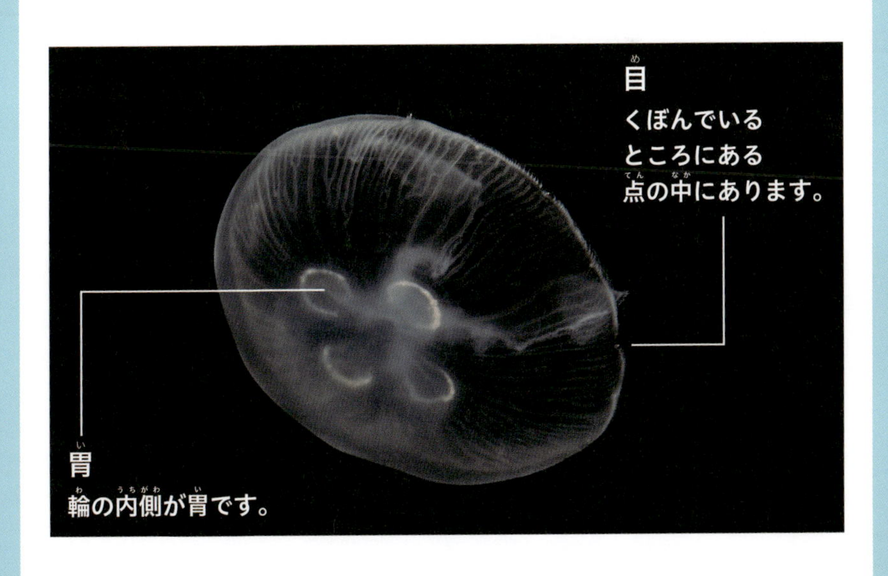

もっと知りたい

クラゲの目

東京理科大学生命医科学研究所　落合淳志

クラゲの目のしくみ

生きものの進化の中で、最初に目をもった多細胞動物はクラゲの祖先だといわれています。クラゲの目は種類によって異なりますが、ここではミズクラゲについてお話しします。

ミズクラゲの傘のふちには8個の黒い小さな点があり、これが目です。そのうちの1つを拡大すると、上と下に目がそれぞれ1つずつあるので、全部足すと目は16個あります。目はくぼんでいて、そこには光を感じる神経の束と、人の網膜と同じように光の反射を防ぐ黒色（メラニン様）の色素があります。目の先の方では、体の平衡を感じ取っているようです。

動物が光を感じるためには、①光を感じるためのしくみ、②光を受け取るしくみの両方が必要です。興味深いことに、基本においては、クラゲの目と私たち哺乳類の目は、同じ遺伝子（*PAX* 遺伝子）としくみ（分子機構）でできているようです。

遺伝子の解析で、箱虫綱のクラゲの目に1000個程度の神経の細胞があるとわかりました（人は120万個くらいです）。つまり、クラゲは人のように物を見て認識しているのではなく、センサーのように光のありかや方向を確認しているようです。40万年あれば、クラゲのような光のセンサーから、人のもつカメラのレンズのような目にまで進化できるといわれます。40万年はけっして短くありませんが、クラゲの目から人の目になるための時間としてはおどろくほど短く感じます。

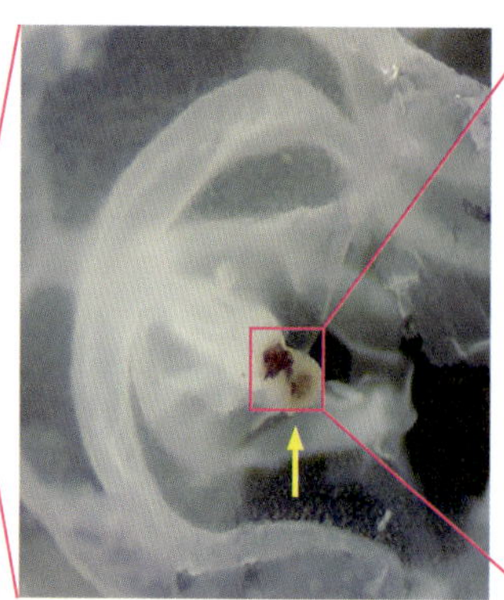

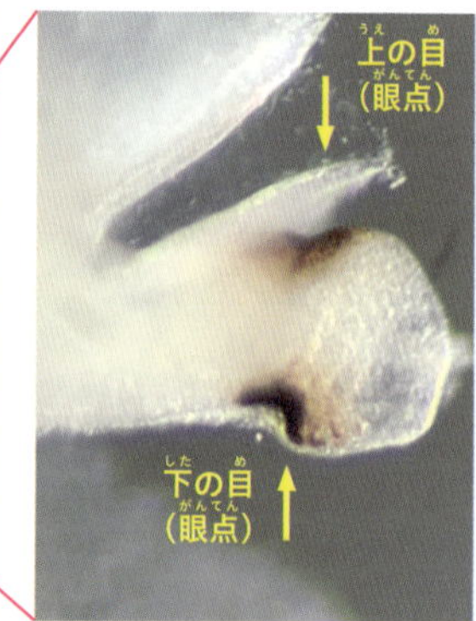

▲ミズクラゲの目の位置と構造。下の目（眼点）は、暗いところを見るために色が濃くなっています。

22

クラゲは味やにおいを感じるの？

飼育員さんからの回答

舌や鼻はありませんが、わかるのかもしれません。

クラゲには、私たちのような舌や鼻がありません。
しかし、クラゲにも「このエサは食べるけど、これは食べない」と好ききらいがあったり、いいにおいに反応して触手を動かしたりするので、味やにおいがわかるのかもしれませんね。

23

クラゲはどこで息をするの？

飼育員さんからの回答

体の表面で呼吸しています。

クラゲは私たちのような肺がありません。そのかわり、体表から直接呼吸をします。

もっと知りたい

クラゲの撮影

加茂水族館　村井貴史

水族館のクラゲをきれいに撮影しよう

水族館でクラゲを見ると写真を撮りたくなるものです。ふつうに撮ってもいい写真は撮れるのですが、ちょっとしたことに気をつけると、よりすてきな作品になります。まず確認するのは、ルールとマナーです。水族館によってストロボ・三脚の使用や、撮影自体が禁止だったりします。展示通路の表示をよく読んで、迷惑にならないように気をつけましょう。ここからは、カメラを手で持って撮影する方法をご紹介します。

水槽の前に来たら、まずはクラゲを観察します。水族館のクラゲはいつも同じではありません。たくさんいたり少なかったり、若かったりちょっと年をとっていたり。この中で「写真を撮ってみたい」と思うイチオシを探しましょう。さらに、クラゲの動きをよく見ましょう。照明の当たりぐあいや、クラゲの形・位置によって、いちばんきれいな場所がきっとあります。

ねらいが定まれば、いよいよ撮影です。だいたいはカメラまかせで大丈夫。クラゲが白っぽくなったときは「露出補正」で少し暗くして、青色や赤色になりすぎたときは「ホワイトバランス」を調整します。「オートフォーカス」でピントが合わなければ「マニュアルフォーカス」で自分でピントを合わせます。水槽によけいな写りこみがあれば、水槽に近づくか、少し角度をつけるとうまく消えるかも。画像処理ソフトで加工するのもいいですね。

▲加茂水族館で撮影した、水槽全体の雰囲気をいかしたクラゲの写真。

クラゲの水槽は、写真を撮るには暗いことが多いです。くっきりとした写真を撮るのはなかなか難しいですが、いっそぶれたりぼけたりするのを使って幻想的な写真にするのもいいかもしれません。水槽全体をふくめた作品も楽しいです。いずれにしても、クラゲの展示で撮影を楽しんでいただければと思います。

24

クラゲは泳げるの？

飼育員さんからの回答

うまく泳げません。そのため、ただよっています。

クラゲは魚みたいにうまく泳げません。そのため、クラゲは水槽内の水流でただよっています。

加茂水族館では、クラゲの種類によって水流の強さを調節しています。クラゲの水槽が丸いのは、水流をつくりやすくするためです。

25

クラゲはなんでふわふわ泳ぐの？

飼育員さんからの回答

心臓と同じはたらきをしているのです。

クラゲのふわふわとした動きを「拍動」といいます。これは人の心臓と同じはたらきをもち、ポンプのように全身に栄養や酸素を送っています。

26

クラゲには動きが速いのとおそいのがいるの？

飼育員さんからの回答

種類によって、速かったりおそかったりします。

クラゲは種類によって、拍動の速さがちがいます。飼育していると、若いときは拍動が速く、年をとるとおそくなるクラゲもいます。なんだか人みたいですね。

27

クラゲに耳はあるの？

飼育員さんからの回答

人のような耳はありません。

クラゲには、人のような耳はありません。しかし、研究によって、音の強弱や波長を感じてクラゲの拍動が変わることがわかっています。もしかしたら、体のどこかに音を感じる器官があるのかもしれません。

特にミズクラゲは、低周波の音を察知すると拍動が活発になるようです。その理由はまだわかっていません。

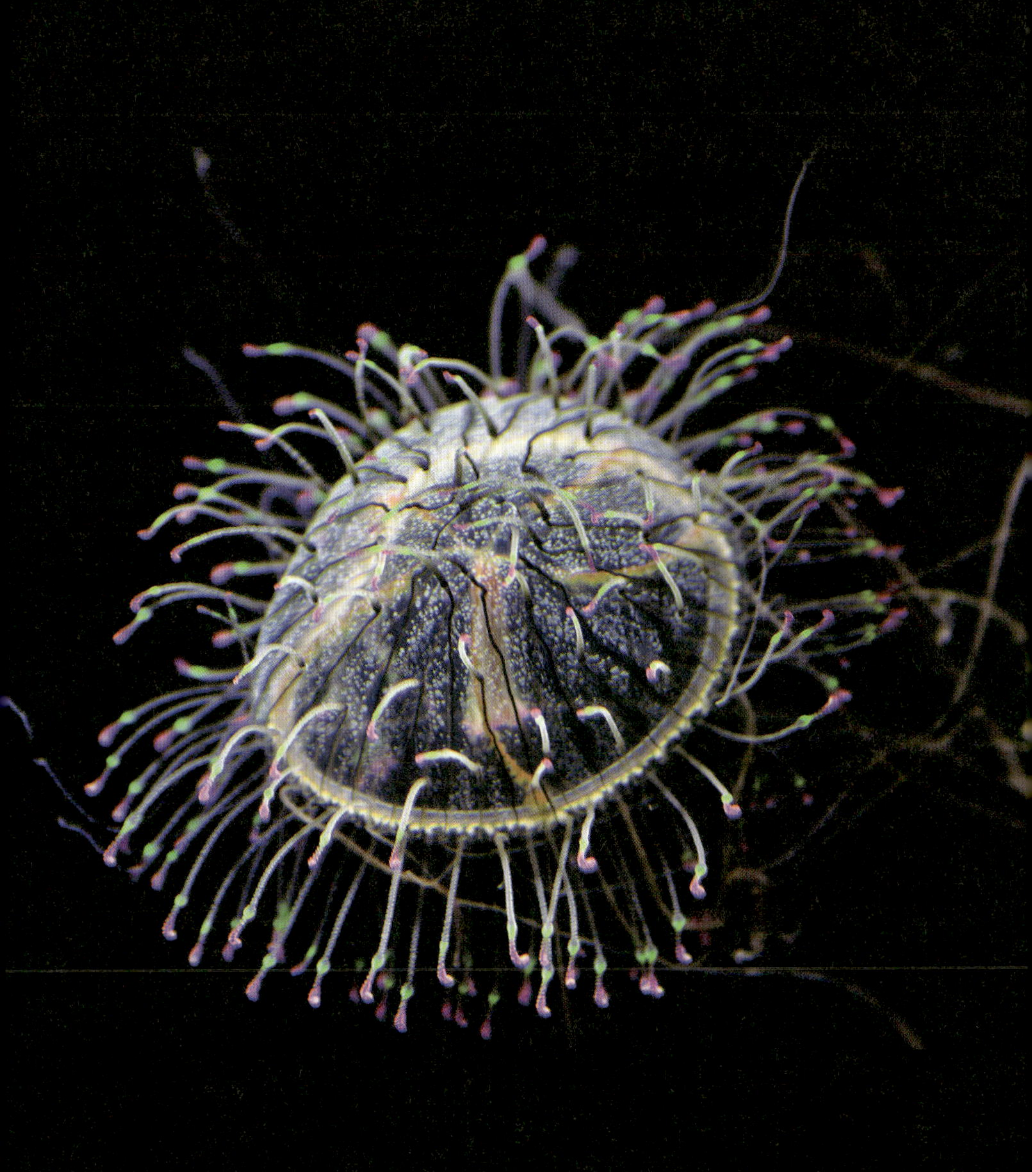

ハナガサクラゲ

山形県の「花笠まつり」のおどりで使われる「花笠」に似た形をしています。傘のまわりの触手は、黄緑色に光って見えます。

28

クラゲに脳はあるの？

飼育員さんからの回答

ありません。
なにも考えていません。

クラゲに脳はありませんので、感情もなく、なにも考えていません。しかし、クラゲは自分と同じなかまとちがうなかまを判別することができます。その理由はまだ解明されていません。ふしぎな生きものですよね。

29

クラゲは寝るの？

飼育員さんからの回答

寝ているのではないかと
考えられます。

クラゲも種類によっては、1日の間に、水面で泳ぐときもあれば、海底でじっとして動かないときもあります。また、研究で昼と夜で活動が異なることもわかってきました。そのようなことから、クラゲも寝ているのではないかと考えられています。

もっと知りたい

クラゲはねむるの？

北里大学海洋生命科学部　三宅裕志

生きもののねむり、クラゲのねむり

私たちは夜に寝て、朝には起きます。寝なかったらどうなるでしょう？ ねむくなって、しんどくなってしまいますね。「寝てばっかりはよくない」といいますが、寝ないでばっかりも体に悪いばかりではなく、心にも影響をおよぼしてしまいます。生きものが寝ている間は意識を失って、まったく活動しません。弱肉強食の世界で、このような「寝る」という行為は無防備すぎて危ないですね。でも、寝ることは、日中に動くことと同じくらい大事なことで、ほとんどの生きものがねむります。

それなら、クラゲはねむるのでしょうか？ クラゲは傘を拍動させて泳ぎますが、サカサクラゲは夜になると傘の拍動がおそくなります。また、キロネックス（オーストラリアウンバチクラゲ）は、日中は活発に泳いでいるのに、夜はほとんど泳がずに海底に横たわっています。そうです、クラゲはねむるのです！

生きものの進化の過程で、まわりの環境からさまざまな情報を受容体で感じて、その情報を神経系で伝え、情報を処理して、筋肉などの作動体を動かすしくみをはじめてもったのがクラゲです。また、はじめて目をもつようになったのもクラゲです（→**もっと知りたい「クラゲの目」**）。つまりクラゲは、光の明暗を感じてはじめてねむることを身につけた生きものなのです。

生きものがなぜねむるのか？ 睡眠の根源はなにか？ これらの謎やヒミツを解き明かすカギは、クラゲにあるのかもしれません。

▶2017 年の研究で、脳のないサカサクラゲが寝ることがわかりました。サカサクラゲは、加茂水族館がクラゲの展示をはじめるきっかけになったクラゲでもあります。
写真提供：加茂水族館

クラゲは脳も心臓もないのに なんで生きものっていえるの？

飼育員さんからの回答

子孫を残せるからです。

クラゲを車とくらべて考えてみましょう。

クラゲも車も、エネルギーを使って動きます。確かにどちらも脳がないので、感情もありません。なので、寿命になると動かなくなります。

しかし、決定的にちがう部分は自ら子孫を残すことができる点です。この子孫を残すことができるのが、生きものである証拠です。生きものであるクラゲにはできますが、人工物である車にはできません。

31

クラゲはどうやって生きているの？

飼育員さんからの回答

体全体の神経にしたがって生きています。

人には、脊髄や脳といった「中枢神経系」とよばれる体をコントロールする場所があります。全身に指令を送る中心的なはたらきをもち、生きていく上でとても重要な神経系です。

クラゲには中枢神経系がありませんが、そのかわり「散在神経系」という、体全体に神経がはりめぐらされている構造になっています。クラゲはこの神経にしたがって生きているのです。

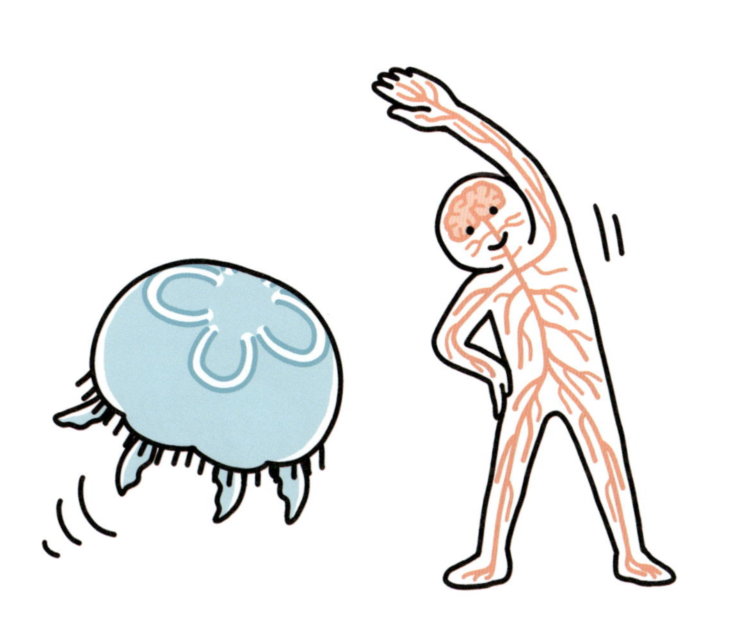

32

クラゲは筋肉痛になるの？

飼育員さんからの回答

筋肉痛になる可能性は低いでしょう。

私たちに起こる筋肉痛は、運動をしすぎたときに筋肉の細胞が傷つき、それを修復するときに炎症が起きることで痛みを感じます。

クラゲの場合、私たちと体の構造がちがうので炎症は起きないと思われます。また、仮にクラゲの筋肉が傷ついたときにはなんらかの刺激はあると思いますが、クラゲには脳がないので、痛みとして感じる可能性は低いと考えられています。

もっと知りたい

クラゲの筋肉

北海道大学大学院水産科学研究院　田中啓之

クラゲにも筋肉はある！

「クラゲに筋肉なんてない」と思っている人はたくさんいますが、クラゲが傘を拍動させたり、触手を縮めたりするのは、すべて筋肉のはたらきによるものです。筋肉には、顕微鏡で筋線維に縞もようが見える「横紋筋」と、縞もようが見えない「平滑筋」がありますが、クラゲはその両方をもっています。

ミズクラゲでは、傘の下面に横紋筋の線維がびっしりと並んでいます。これを縮めると傘はすぼまった形に変形し、ゆるめると傘の上面のぶ厚いゲルの弾力でもとの形にもどります。この変形と復元をくり返すことで、水を下の方へ押し出して泳ぐことができます。また、口腕にある平滑筋は、口腕をゆっくりと動かしてエサを口に運びます。

クラゲの筋肉の謎

クラゲの筋肉はとてもうすく（うすいものでは 1/2000 ミリメートル）、透明なシートで、「ムキムキ」のイメージとはほど遠いものです。しかし、クラゲの筋肉も、人の筋肉と同じ「アクチン」と「ミオシン」という、2つのタンパク質が引き合うことで力が発生しています。アクチンとミオシンはいつでも引き合っているのではなく、神経から信号が来たときだけ引き合うしくみです。そのしくみの中心にあるのが、人でも鳥でも魚でも虫でも貝でも、横紋筋であれば「トロポニン」というタンパク質です。

しかし、近年になって、クラゲにはトロポニンがないということがわかりました。トロポニンがないのにどうして筋肉を縮めたりゆるめたりできるのか、クラゲの謎の1つになっています。

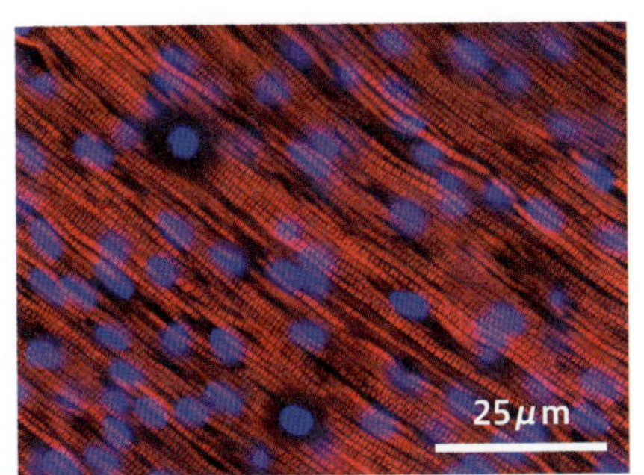

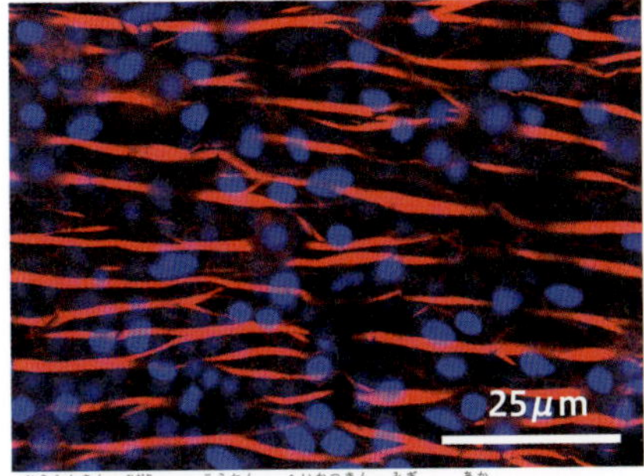

▲共焦点レーザー顕微鏡で観察した、ミズクラゲの傘の横紋筋（左）と口腕の平滑筋（右）。赤はアクチン、青は細胞核を表しています。

33

クラゲにバランス感覚はあるの？

飼育員さんからの回答

バランス感覚があります。

クラゲにもバランス感覚があります。私たちは体がかたむくと耳の奥にある小さな石が動くことでかたむきを感じます。クラゲも同じような「平衡石」というものが目の近くにあります。これがいろいろな方向にかたむくことで、体の向きを感知します。

平常

かたむいたとき

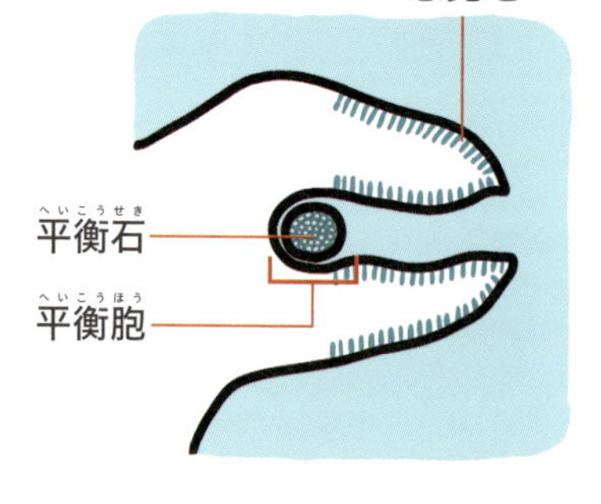

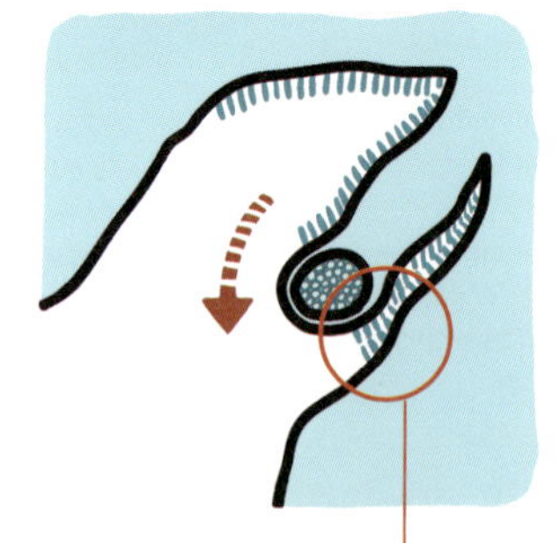

平衡石が動いて感覚毛がふれあうと、かたむきを感じます。

34

クラゲに顔はあるの？

飼育員さんからの回答

顔という概念はありません。

クラゲには目や口がちゃんとありますが、私たちのように顔という概念はありません。クラゲにも顔があったらおもしろそうですよね。

35

クラゲににおいはあるの？

飼育員さんからの回答

種類によっては、強いにおいがします。

クラゲには、強いにおいがする種類もいます。

このにおいの原因はいろいろな説がありますが、エサが原因であるという説や、クラゲが「忌避物質」という他の生きものがいやがる物質をにおいとして出すことで、他の生きものにおそわれるのを避けていると考える研究者さんもいます。

カミクラゲ

その名のとおり、触手が髪の毛のように見えるクラゲです。キュウリのような独特なにおいがしており、これは外敵から身を守るためではないかと考えられています。

36

クラゲはさわるとどんな感じ？

飼育員さんからの回答

ナタデココやこんにゃくみたいな感じです。

クラゲの種類によってかたさはちがいますが、ミズクラゲの場合、お客様から「ナタデココみたい！」、「こんにゃくだ！」などの声をよく聞きます。

野生のクラゲをつかまえたときは、そっと優しくさわってみてください。ただし、さわるときはさされないように必ず手袋をつけて、直接皮ふにふれないようにしてくださいね。

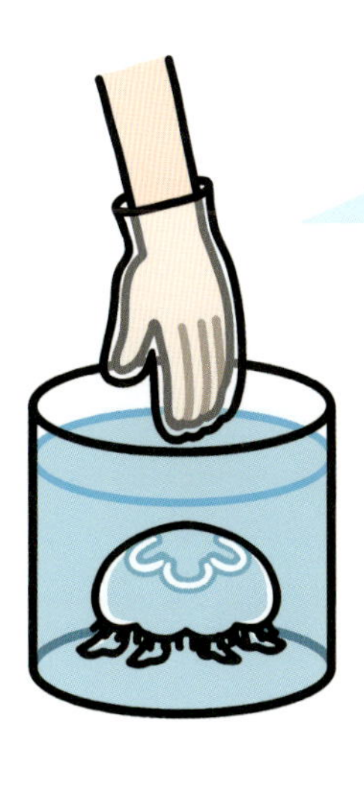

37

クラゲにオスとメスはいるの？

飼育員さんからの回答

クラゲにもオスとメスがいます。

クラゲにもオスとメスがいます。ミズクラゲの場合、体の裏側にスカートのフリルのようなものがあればメスです。これは保育嚢とよばれ、卵やプラヌラをかかえる器官です。

また、有櫛動物のクシクラゲの中には、雌雄同体の（メスの生殖器官とオスの生殖器官の両方を１つの体にもっている）クラゲもいます。

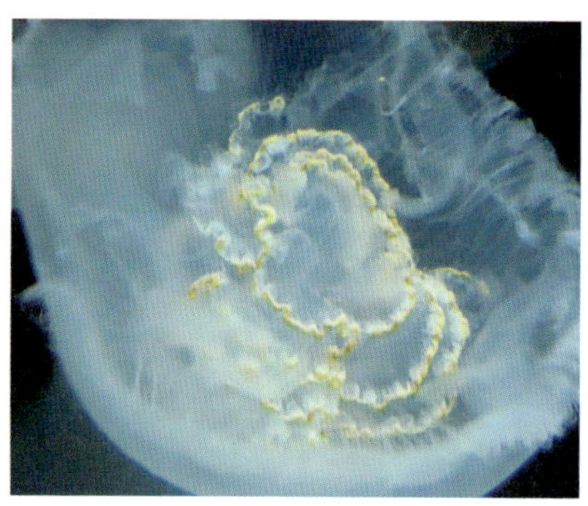

◀ミズクラゲのメス。フリルのような保育嚢をもちます。

▶ミズクラゲのオス。保育嚢はありません。

クラゲの生殖腺はどこ？

飼育員さんからの回答

ミズクラゲでは体の中心です。

種類によって場所がちがいますが、成熟したミズクラゲでは、体の中心にある輪の部分が生殖腺です。

生殖腺の内側には細い糸状の胃糸があり、消化液を分泌して消化をおこないます。胃と生殖腺が近くにあるなんてふしぎな体ですよね。

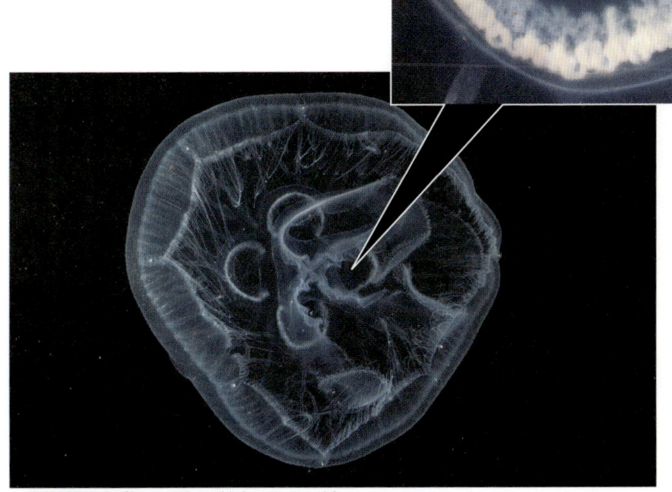

▲生殖腺の内側に、細い糸状の胃糸が並んでいます。

クラゲはどれくらい生きるの？

飼育員さんからの回答

数週間〜１年くらいです。

クラゲの寿命は種類によってちがいますが、数週間〜１年くらいが多いです。

しかし、クラゲになる前のポリプは寿命がわかりません。２つとも同じ生きものなのに、寿命が形態によってちがうのです。

私たちはクラゲのことを本体だと思っていますが、もしかしたらクラゲは繁殖のための形態で、本体はポリプの方なのかもしれませんね。

ミズクラゲの寿命は約１年くらいです。
なかには１日で寿命を終えてしまう種類もいます。

ポリプは自分で分裂して増えていきます。
当館では10年以上維持しているポリプもあり、そこからクラゲを出して育てています。

クラゲは不老不死ってほんと？

飼育員さんからの回答

不老不死ではありません。

よく不老不死といわれるのは、ベニクラゲです。

ベニクラゲは、クラゲになってからひどい傷を負ったり、寿命で動けなくなったりすると、海底にしずみます。その後は肉のかたまりになりますが、時間が経つとそこから「ストロン」とよばれる根っこのようなものが生えてきます。それがある程度のびると、ポリプに成長します。

このように、ベニクラゲはクラゲからポリプに若返ることができます。

しかし、死ぬこともあり、年もとるので、「不老不死」ではありません。

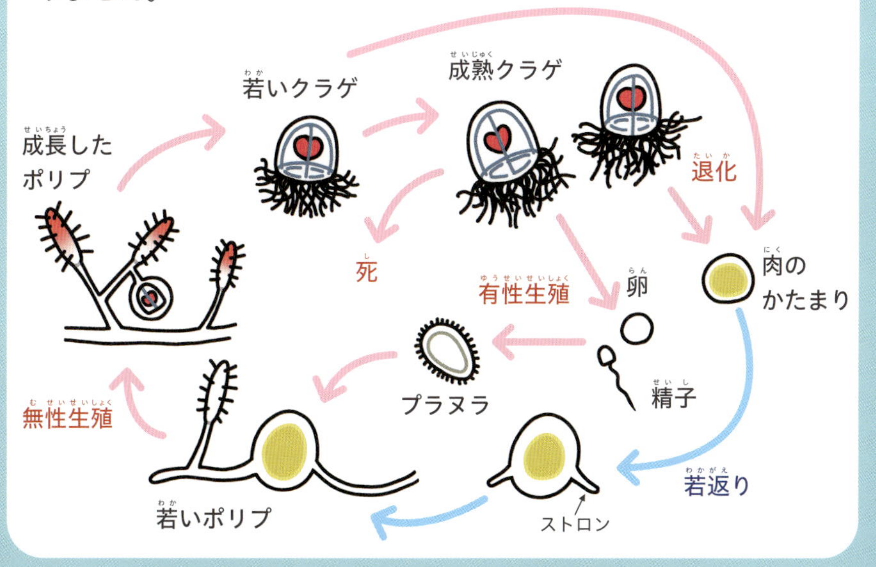

ベニクラゲ

若返りのクラゲとして有名です。ニホンベニクラゲよりも強い紅色です。加茂水族館ではポリプを飼育していますが、クラゲを遊離させる条件がわかっていません。そのため、ほとんどの水族館では海で採集した野生のベニクラゲを展示しています。いつか繁殖したベニクラゲを展示したいです。

ニホンベニクラゲ

わずか数ミリメートルのクラゲで、若返りのクラゲとして有名です。ベニクラゲよりもニホンベニクラゲの方が若返りやすいといわれています。加茂水族館では、ポリプから遊離したニホンベニクラゲを育てて展示しています。

41

クラゲにおっぱいはあるの？

飼育員さんからの回答

クラゲにおっぱいはありません。

私たち人や哺乳類は、お母さんのおっぱいを飲んで育ちます。

クラゲにはおっぱいがないので、赤ちゃんクラゲは生まれたときから自力でエサをつかまえて、それを食べて育ちます。

42

クラゲに病気はあるの？

飼育員さんからの回答

さまざまな病気があると思います。
ただ、研究が進んでいません。

クラゲも動物なので、さまざまな病気があると思います。ただ、あまり研究が進んでいません。

加茂水族館でも、飼育中にたまにクラゲが調子をくずすことがあり、原因となりうる水質やエサなどを調べてもわからないことがあるので、もしかしたら病気なのかもしれません。

43

クラゲは光合成をするの？

飼育員さんからの回答

体の中に光合成をするプランクトンがいる種類もいます。

タコクラゲやサカサクラゲのなかまは、体の中に「褐虫藻」とよばれる植物プランクトンをもっており、クラゲはこの褐虫藻が光合成をして得た栄養をもらっていると考えられています（このようなクラゲの体内に住む植物プランクトンは、「共生藻」とよばれます）。

褐虫藻が光合成をすることができるよう、加茂水族館では太陽の光の波長に近い特別なライトを使用しています。しかし、クラゲは褐虫藻が光合成をして得た栄養のみでは生きることが難しいため、アルテミアの幼生（→ **Q59**）などのエサもあたえています。

また、タコクラゲやサカサクラゲの体の色は黄色ですが、これは体内に褐虫藻があるからです。褐虫藻がいなくなると、体は白くなります。

◀タコクラゲの赤ちゃんクラゲ（エフィラ）の褐虫藻（黄色のつぶつぶ）。

タコクラゲ

傘に白い水玉もようがある、かわいらしいクラゲです。他のクラゲと同じようにつかまえたエサも食べますが、体の中の褐虫藻による光合成のはたらきで栄養をつくることもできます。

クラゲにはいろいろな生きものがついている？

飼育員さんからの回答

よく生きものがついています。
クラゲを食べることもあります。

ビゼンクラゲやエチゼンクラゲには、大量のエビやカニ、魚がくっつくことがあります。

エビやカニや魚たちは、クラゲにかくれて外敵から身を守るだけでなく、お腹がすいたらクラゲを食べてしまうこともあります。

例えば、イボダイは小さいときにはビゼンクラゲにかくれていますが、大きくなってくるとビゼンクラゲを食べてしまいます。まるでケーキのお家に住んでいるみたいですね。

▲ビゼンクラゲとイボダイ。

ビゼンクラゲ

以前は「スナイロクラゲ」とよばれていました。野生では青みがかった色をしていますが、水槽に入れて飼育しているとだんだん色がうすくなってしまいます。繁殖個体は大きくなっても青みを帯びることがないので、野生のビゼンクラゲのような青色をめざして飼育しています。

もっと知りたい

クラゲと魚の共生

広島大学 瀬戸内 CN 国際共同研究センター　大塚　攻

クラゲにはあまり得がないんです

「クラゲが他の生きものと共生しているの？」とおどろかれるかもしれません。クラゲは、海の生態系では捕食者として幅をきかせているからです。ですが、例えば SNS ではイボダイ類の幼魚がクラゲといっしょに泳いでいる動画をみることがあります。スーパーでおなじみのマアジの稚魚も、強い毒をもつヒクラゲなどと共生しています。いったい、なんのために？

野外では、稚魚になる一歩手前の仔魚は、外敵の肉食魚などによって食べられたりエサが足りなくなったりして多くが死んでしまい、生き残れる割合は 0.1 パーセントに満たないこともあります。しかし、それを乗り切った稚魚から幼魚はクラゲによりそっていると外敵のさらなる捕食をある程度防ぐことができます。外敵がクラゲの刺胞毒からにげて、共生者（魚類）に近づけないからです。

しかし、稚魚がクラゲの触手にふれてしまうとクラゲに捕食されてしまう危険もあります。イボダイはクラゲに食べられないのでしょうか？ イボダイ類の幼魚は刺胞毒に耐性があり、逆にクラゲを食べてしまうことも知られています。恩を仇で返す典型です。クラゲと同じ刺胞動物のイソギンチャクと共生するクマノミは、自らが分泌した粘液やイソギンチャクから得た粘液で体をおおってイソギンチャクにさされないようにしていますが、このしくみと同じだと思われます。魚以外ではクモヒトデ類、シマイシガニ、モエビ類などが、さまざまなクラゲと共生しています。分布を広げるための乗り物としてクラゲを利用するケースも多いです。

クラゲとの共生とはいうものの、クラゲの方にはメリットがなく、魚たちだけにメリットがある（片利共生）、もしくは魚たちがクラゲをエサにしてしまう（捕食寄生）ことがほとんどです。

◀アカクラゲに共生するイボダイの幼魚。
写真提供：広島大学総合博物館

もっと知りたい

エダクダクラゲの共生

宮城教育大学大学院教育学研究科 高度教職実践専攻　出口竜作

エダクダクラゲとエラコの関係

クラゲの中には、ポリプが特定の生きものと共生している種類も多く知られています（ポリプについては、**Q49** で説明されています）。エダクダクラゲのプラヌラは、エラコという環形動物（イソメやミミズなどのなかま）がつくった管（棲管）の入り口でしかポリプになることができません。このポリプは、ストロンという根のような構造でおたがいにつながりながら増え、棲管の入り口を取り囲んでいきます。しかし、棲管の中にいるエラコが死んでしまうと、ポリプもすぐに退化してしまいます。生きたエラコから出される物質が、ポリプが生きるために不可欠であると考えられていますが、それがなんなのかはわかっていません。

アイナメなどの魚はエラコが大好物で、棲管から取り出されたエラコは釣りエサとしてよく使われます。ですが、エダクダクラゲのポリプは、素手でさわると指が赤くはれるほど強力な刺胞を触手にもち、用心棒のようにエラコを守ってくれるようです。エラコはポリプにすみかをあたえ、ポリプはエラコを外敵から守る――つまり、この2種類の生きものは「相利共生」の関係にあると考えられています。

しかし……、実はエダクダクラゲのポリプやそれからつくられるクラゲも、エラコが大好物なのです。エラコの卵や内臓をあたえると、ポリプにおけるクラゲの形成や、クラゲにおける生殖腺の形成が促進されます。実際に今から80年以上前の論文にも、エラコの卵を捕食した野生のポリプのようすが報告されています。もしかするとエラコにとって、エダクダクラゲは優しいだけの用心棒ではないのかもしれません。

◀エラコ。ふだんは「鰓冠」とよばれる羽毛のような構造（水色矢印）を棲管（黄矢印）から出して呼吸をしたりエサを取ったりしています。

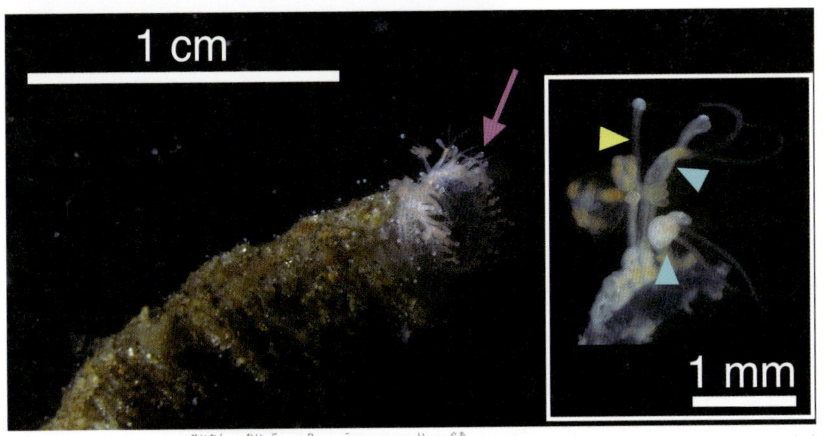

▲おどろいたエラコが棲管の内部に引っ込むと、入り口についているエダクダクラゲのポリプ（ピンク矢印）が見えてきます。ポリプには、①２本の触手をもちエサをとる栄養ポリプ（その形や動きから「ニンギョウヒドラ」ともよばれます：水色矢じり）と、②触手をもたずクラゲを形成する生殖ポリプ（黄矢じり）の２種類があります。

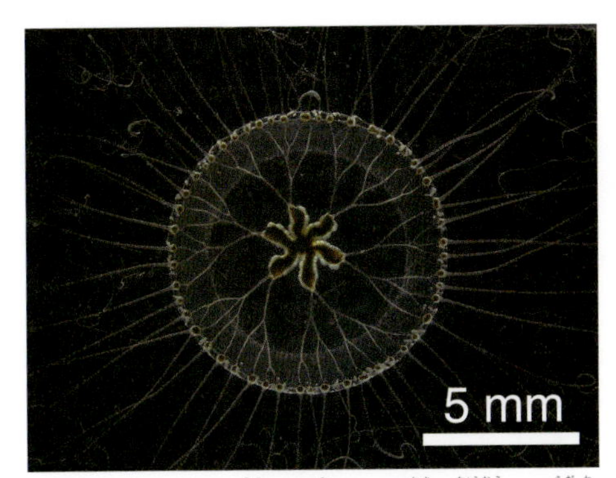

▲エダクダクラゲを上から見ると、傘の中央から枝分かれしながらふちのほうにのびる放射管が確認できます。これが「エダクダクラゲ」の名前の由来となっています。

▲このエダクダクラゲはメスで、中央にある胃のまわりには多くの卵をもった卵巣が発達しています。週におよそ１回エラコの内臓をあたえると１年間にわたって生存し、産卵を続けます。

クラゲは海でなにしてるの？

飼育員さんからの回答

実は海をきれいにしています。

海のやっかい者にみえるクラゲですが、実は海をきれいにしています。

クラゲは体からぬるぬるの粘液を出し、海のにごりや小さいごみ、プランクトンなどをからめとってかたまりにします。このかたまりは海底にしずみ、他の生きものたちのよいエサになります。また、クラゲ自身も死んでしまった後は海底にしずみ、他の生きものたちの貴重なエサとなります。

実際に、カニなどの甲殻類やウニ・クモヒトデ・ヒトデなどが海底でクラゲの死骸を食べているようすも観察されています。

46

クラゲはなんでお盆に出るの？

飼育員さんからの回答

本当はお盆以外にも
1年中海にいるのです。

場所や時期によって現れるクラゲの種類はちがいますが、加茂水族館周辺では、人がお盆の時期によくさされるのはアンドンクラゲだと思われます。しかし、実は日本各地で、1年中さまざまな種類のクラゲが現れます。私たちが海に近づくのは夏に多いので、クラゲがお盆に現れるイメージが強いのです。

▲お盆のころに大量発生するアンドンクラゲは、夜に水面を光で照らすと、大量に集まってくる習性があります。

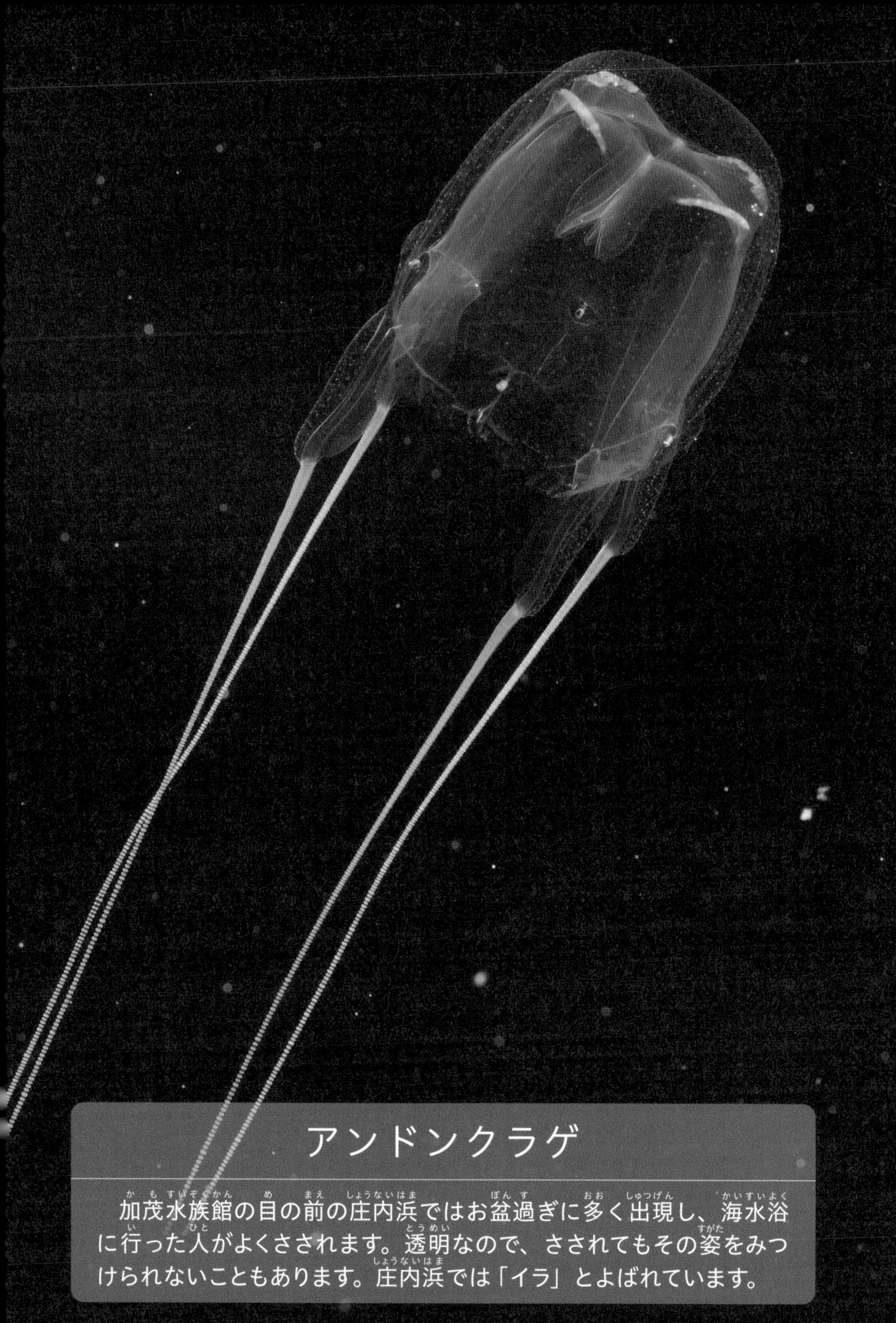

アンドンクラゲ

加茂水族館の目の前の庄内浜ではお盆過ぎに多く出現し、海水浴に行った人がよくさされます。透明なので、さされてもその姿をみつけられないこともあります。庄内浜では「イラ」とよばれています。

もっと知りたい

クラゲはなぜお盆に出るの？

公益財団法人 黒潮生物研究所　戸篠　祥

お盆とアンドンクラゲ

「お盆過ぎに海に入るとクラゲにさされる」といいますが、さすクラゲの正体はアンドンクラゲであることが多いです。箱型の傘に4本の長い触手をもち、水中を泳ぐ姿はなんともすずしげですが、うっかりふれてしまうとビリビリと電気が走ったような痛みとともにミミズばれになってしまいます。やけどのような痕が残ることもあるので、注意が必要です。アンドンクラゲの傘はガラスのようにすきとおっているため、水中では消えるように見えなくなってしまいます。そのため、クラゲが近くにいるのに気づくことなくさされてしまう人が多いようです。

アンドンクラゲはおだやかな入り江や湾に生息します。特に港の中や波の静かな砂浜で見かけることがあります。お盆過ぎには海にアンドンクラゲの大群がみられることがありますが、実はお盆より前には現れているのです。アンドンクラゲの子ども（稚クラゲ）は水温が高くなる7月上旬あたりにポリプから稚クラゲへ変態し、海中をただようようになります。稚クラゲの大きさは1～2ミリメートルほどなので、海でみつけることは困難です。

稚クラゲのうちは小さなエビ、カニの幼生を食べますが、成長するにつれてアミ類（甲殻類）や稚魚などの大きなエサを食べるようになります。アンドンクラゲは成長すると大きさが2～3センチメートル、触手は40センチメートルほどになるため、目で見えるようになります。成長したクラゲ（成体）がみられるようになるのが8月中旬あたりなので、お盆過ぎになるとクラゲが出る（増えている）と感じられるのでしょう。

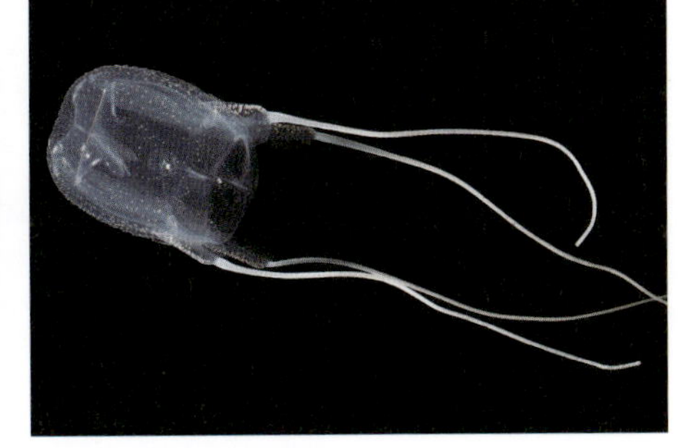

▲アンドンクラゲの稚クラゲ（左）と成体（右）。
写真提供：玉田亮太（加茂水族館）

47

クラゲはからまらないの？

飼育員さんからの回答

よくからまります。
そのうちほどけることも多いです。

クラゲは、飼育していると触手や口腕がよくからまります。すべての種類がからんでしまうわけではなく、おもに触手や口腕が長い種類がからんでしまいます。エサを食べたときなどによくからみますが、そのうちほどけることも多いです。

どうしてもほどけないときは、飼育員が長いスポイトなどを使って優しくほどいてあげます。

▲特にエボシクラゲは触手がからむことが多いです。エボシクラゲの名前の由来は「烏帽子（平安時代から使われている、男性用の帽子）」に形が似ているからだといわれています。

エボシクラゲ

傘の上にある突起が烏帽子のように見えることが名前の由来です。水槽にたくさん入れると、よく触手がからまってしまうので、少数ずつ育てて展示しています。

48

クラゲの年齢はわかるの？

飼育員さんからの回答

平衡石から数えることができます。

クラゲの体の中にあって、体の向きを感じることができる「平衡石」には、木の年輪のような輪紋があります。クラゲの輪紋は1日に1本できると考えられており、輪紋を数えるとクラゲになって生後何日目かがわかります。例えば、アンドンクラゲなどのなかま（箱虫綱）には大きな平衡石があります。実際にこの平衡石の輪紋を調べた研究もあります。

また、硬骨魚類（サメ、エイ類以外のほとんどの魚がふくまれるグループで、かたい骨をもっているもの）でも、「耳石」の輪紋を調べることで年齢がわかります。耳石はクラゲの平衡石と同様、平衡感覚をつかさどる組織で、炭酸カルシウムでできた石のようなものです。硬骨魚類の輪紋は1年に1本きざまれていきます。

クラゲと硬骨魚類のようにまったく異なる生きものでも、共通することがあるのですね。

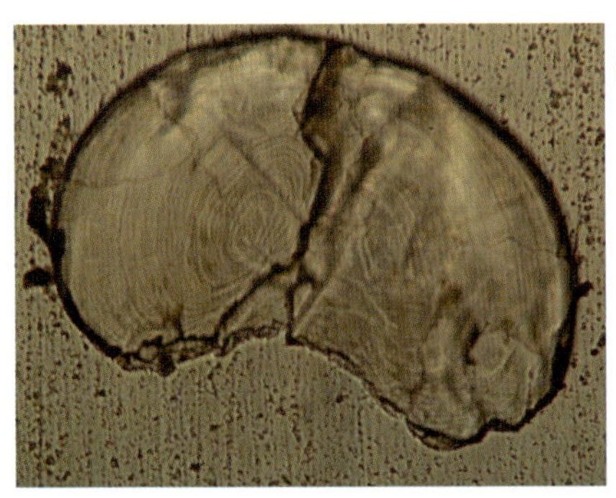

◀アンドンクラゲの平衡石（輪紋）。
写真提供：戸篠祥（黒潮生物研究所）

ポリプってなに？

飼育員さんからの回答

簡単にいえば、クラゲになる前の状態です。

ポリプは、簡単にいえばクラゲになる前の状態のことです。

クラゲは一生の中で、種類によってさまざまな形に変わっていきます。例えばミズクラゲは、卵が精子と受精して受精卵になった後は、数ミリメートル程度のプラヌラに変態します。プラヌラは体全体に繊毛があり、らせん運動をしながら自由に動きまわることができます。

その後、岩やかべなどにくっつくとポリプに変態します。ポリプは条件が合えばクラゲをつくりますが、合わなければずっとポリプのままです。また、ポリプ自身もエサを食べながら分裂して増えていきます。ミズクラゲの場合、夏の水温が高い時期ではポリプのままですが、冬になり水温が下がるとポリプの体がくびれて、何枚もお皿を重ねたように形が変わっていきます。この状態をストロビラといいます。そして、その重なった部分が茶色くなり、お皿の１つ１つがそれぞれ別のクラゲになります。

その後、先端から１匹ずつクラゲがはがれていき、エフィラとよばれる赤ちゃんクラゲになります。赤ちゃんクラゲは成長が非常に早く、ミズクラゲの場合は半年ほどで成体になります。

加茂水族館ではさまざまなクラゲのポリプを種類別に管理しており、多数のクラゲをつねに繁殖して育てています。

ミズクラゲの生活環

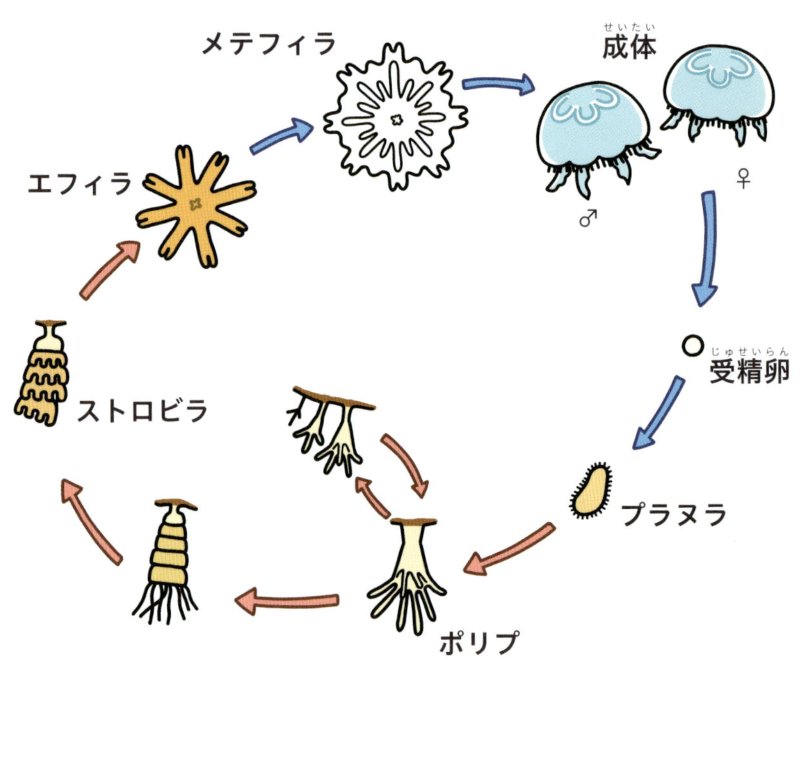

有性生殖世代
無性生殖世代

もっと知りたい

ポリプがクラゲを出すしくみ

京都大学フィールド科学教育研究センター瀬戸臨海実験所　山守瑠奈

ストロビレーションのしくみを探れ

ポリプがクラゲの幼生のエフィラを何匹か重ねたストロビラに変化することを、「ストロビレーション」といいます（→ **Q49**）。「いったいなにがストロビレーションを引き起こすのだろう？」と、ポリプがクラゲを出すしくみについて、60年以上前から盛んに研究されてきました。

そして2014年に、ミズクラゲのストロビレーションのしくみの一部が明らかにされました。この研究では、水温が下がるとミズクラゲの体の中の特別な遺伝子がはたらき、ストロビレーションを引き起こす物質をつくり出すことがわかりました。そして、その変態を引き起こす物質は、湿布に入っているインドメタシンという成分とよく似たつくりをもつことも解き明かされたのです。この物質を「インドール化合物」とよびます。

つまりミズクラゲは、水温が下がると体の中で変態を引き起こす遺伝子のスイッチが入り、インドール化合物をつくります。そのインドール化合物が体の中ではたらき、ストロビレーションが起こるのです。そして、インドール化合物をあたえると、ミズクラゲをはじめ鉢虫綱や箱虫綱のクラゲが変態をすることもわかりました。

ポリプの変態、つまりポリプがクラゲを出すしくみは、まだすべては明らかになっていませんが、虫やカエルの変態と基本的なしくみが似ていると考えられています。この先ポリプがクラゲを出すしくみの研究が進めば、クラゲだけでなく生きもの全体の「変態」のしくみの進化の歴史がわかってくるかもしれません。

▲インドール化合物で引き起こされた、キタミズクラゲのストロビレーション。

外来種のクラゲはいるの？

飼育員さんからの回答

外来種もいます！

クラゲにも外来種がいます。どうやって外来種が広まったのかはいろいろな説がありますが、大型船のバラスト水が原因とも考えられています（船になにも荷物をのせていないときに、重しとして積まれる水です）。バラスト水に小さな赤ちゃんクラゲやプラヌラが入っていて、広まったと考えられています。

例えば有櫛動物のシーウォルナッツは、本来北アメリカと南アメリカの大西洋沿岸域に生息していました。しかし今では黒海や地中海、カスピ海など世界中の海に広がってしまいました。シーウォルナッツは毒のないクラゲですが、プランクトンをエサとして食べるため、大量に増えると魚のエサがなくなって、漁業に深刻な被害をもたらします。

また、プンクタータも本来オーストラリア〜南アジアの海に生息していましたが、現在はアメリカ、ブラジル、地中海まで広がってしまったようです。

加茂水族館では世界中のさまざまなクラゲを飼育していますが、水族館の外に出ないようにしっかりと下水処理をしています。現在、ペットショップなどで世界中のさまざまな生きものが簡単に入手できます。どんな生きものも、飼えなくなったからといって、絶対に捨てないようにしてください。外来種の生きものが本来生息していない場所に侵入すると、本来生息していた生きものが絶滅するおそれがあります。一度生きものを飼いはじめたら、最後まで責任をもって飼いましょう。

シーウォルナッツ

船の往来により原産地（大西洋）からはなれた海域で分布を拡大し、生態系に大きな影響をあたえ、社会問題になっているクラゲです。日本国内には定着していませんが、定着した場合には生態系などに被害が出るおそれがあるため、定着を予防する外来種（定着予防外来種）に指定されています（ムネミオプシス・レイディ［*Mnemiopsis leidyi*］として記載）。

プンクタータ

　プンクタータはラテン語で「点状」という意味です。日本でみられるタコクラゲに似ていますが、タコクラゲにくらべて傘にある斑点が多く、斑点のサイズも小さいです。また、タコクラゲよりも育てやすく、大きくなります。

51

クラゲにはどれくらいの種類（しゅるい）がいるの？

飼育員（しいくいん）さんからの回答（かいとう）

2024年現在（ねんげんざい）、世界（せかい）には約（やく）4100種（しゅ）います。

世界中（せかいじゅう）：**約（やく）4100種（しゅ）**
日本（にほん）：**約（やく）600種（しゅ）**
加茂水族館（かもすいぞくかん）：**80種前後（しゅぜんご）**

みつかってはいますが、種類（しゅるい）が同定（どうてい）されていないクラゲもいます。また、深海（しんかい）では発見（はっけん）されていないクラゲも多（おお）いので、クラゲの種類（しゅるい）はもっと多（おお）いと考（かんが）えられています。

もっと知りたい

これまで展示したクラゲたち

加茂水族館　佐藤智佳

たくさんのクラゲに出会い、そしてこれからも

加茂水族館では、2024年4月の時点で約80種類のクラゲを展示しています。

クラゲの展示をはじめたのは1997年からですが、はじめから数多くの種類を展示していたわけではありません。最初はサカサクラゲ、ただ1種類からのスタートでした。その後カトスティラスやタコクラゲなどを購入したり、ミズクラゲ、アカクラゲ、ビゼンクラゲ、カギノテクラゲ、ドフラインクラゲなどを加茂水族館周辺で採集したり、他の水族館にも協力してもらったりして、展示種類数を増やしていきました。

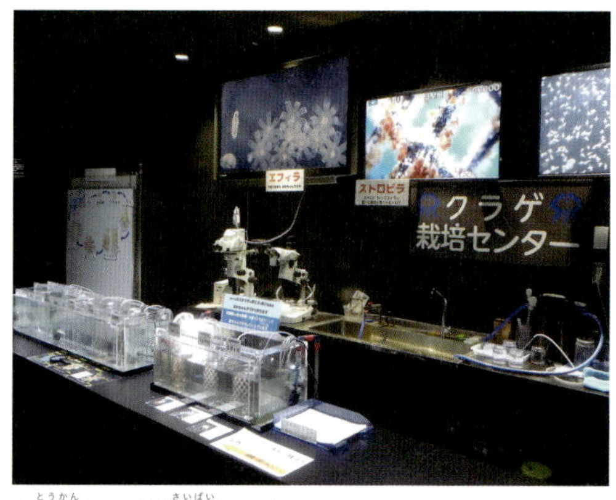

▲当館のクラゲ栽培センター。

現在では外国の水族館・研究者との交流や、さまざまな地域での採集で、加茂水族館の目の前の庄内浜にはいない種類の展示も増えてきています。一口でクラゲといっても大きさはさまざまで、展示しているクラゲは傘の直径が数ミリメートルほどの小さなものから30センチメートル以上の大きなものまでいます。これまで1日しか展示できなかった種類や同定できていない種類もふくめると、150種以上展示しました。

しかし、クラゲは世界で4100種ほどが知られています。その数にはまだまだ遠くおよびません。1種類でも多く、1日でも長くみなさんに観察してもらい、クラゲの魅力にハマってもらいたいと願っています。そのために飼育技術、繁殖技術の向上を続けていきます。

◀バックヤードツアーをおこない、水族館とクラゲの魅力をお伝えします。

52

クラゲは淡水にもいるの？

飼育員さんからの回答

**日本では、
3種類が淡水にもいます。**

実は、池や湖などの淡水に生息するクラゲもいます。日本ではマミズクラゲ、イセマミズクラゲ、ユメノクラゲの3種類がいます。3種類のうち、イセマミズクラゲは絶滅したと考えられており、ユメノクラゲは非常にめずらしく、ほとんど出現しません。そのため、野生でみられるのはマミズクラゲがほとんどです。

また、マミズクラゲは1つの池でオスとメスのどちらかの性別しか確認されないことが多く、まれにオスとメス両方が出現する池もあるようです。ふしぎなクラゲですね。

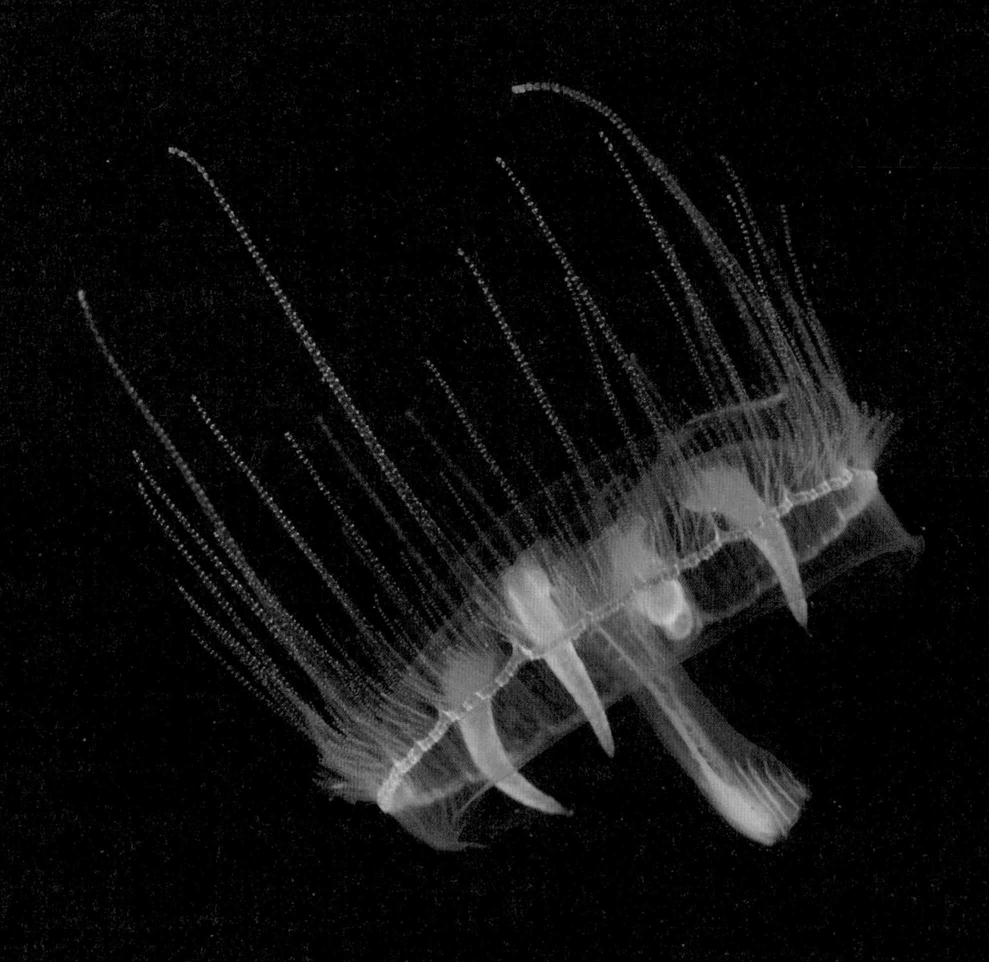

マミズクラゲ

ほとんどのクラゲは海や汽水域に生息しますが、マミズクラゲは池などの淡水に生息します。マミズクラゲは、一度現れた場所に毎年現れるとは限らず、今までいなかった場所に急に現れることもある、ふしぎなクラゲです。

53

クラゲはいつからいるの？

飼育員さんからの回答

5～10億年前からいるようです。

クラゲ類は約5億年前のカンブリア紀に出現し、海の中をただよっていたようです。実際、約5億年前のクラゲの化石もみつかっており、恐竜よりはるか昔から生きていたようです。

また、クラゲは一説によると10億年前からいるのではないかといわれています。

54

クラゲの体はほとんど水なのになんで化石として残るの？

飼育員さんからの回答

クラゲについた泥や砂が残るのです。

クラゲの体は95パーセント以上が水でできています。ですが、海岸に打ち上げられたクラゲの表面が泥や砂でおおわれて乾燥すると、わずかに残った水以外の成分が押し型として化石になることがあります。これを「印象化石」といいます。

55

7色に光るクラゲがいるってほんと？

飼育員さんからの回答

カブトクラゲのなかまなどは7色に光ります。

カブトクラゲのなかまなどは、体に並んだ「櫛板」とよばれる繊毛でできた透明な板を細かく動かすことによって泳ぐことができます。その際に光を反射して、7色に光って見えます。

ただし、なんのために7色に光っているのかはわかっていません。

櫛板

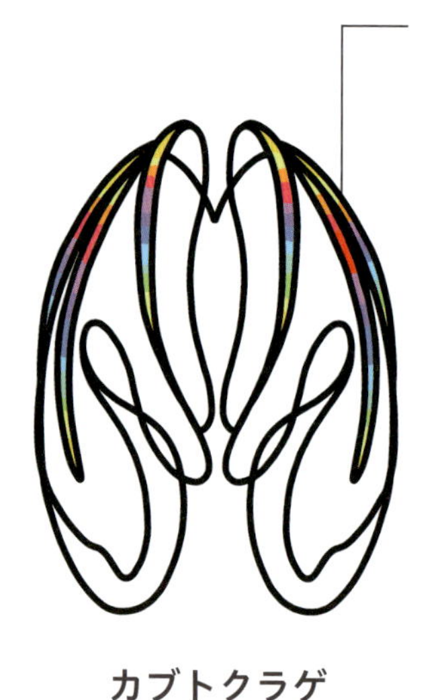

カブトクラゲ

ウリクラゲ

カブトクラゲ

「兜」の形に似ていることからこの名前がつけられました。クラゲは、見た目や形が名前の由来になることが多いです。加茂水族館では、カブトクラゲの安定した累代繁殖（生きものを何世代にもわたって繁殖すること）に成功しており、常時、繁殖個体を展示しています。

もっと知りたい

カブトクラゲの研究

日本大学医学部　野田直紀

カブトクラゲと繊毛

繊毛は私たちの体にいたるところに生えています。例えば、呼吸するときに空気が通る気管の内側の表面にもたくさんあって、ごみなどを体の外に出しています。有櫛動物（クシクラゲ）の1種のカブトクラゲも繊毛をもち、繊毛が集まって板状になった櫛板をパタパタさせて泳ぎます。

ところで、私たちの耳の奥には体のかたむきを感知する「平衡器官」があります。カブトクラゲも平衡器官をもっていて、ここでも繊毛が活躍しています。

カブトクラゲの平衡器官は、平衡石（→ **Q33**、**Q48**）をふくむ細胞がかたまりになったものが、繊毛の束とくっついたものです。カブトクラゲの体がかたむくと、繊毛の束も動いてたわむので、かたむきを感じます。

それでは、その細胞のかたまりはどうやってつくられるのでしょうか？ まず、体で平衡石をふくんだ細胞がつくられて、図の①のように繊毛の束にくっつきます（細胞は1つあたり、約1/100ミリメートルの大きさです）。そしてそれが体の外に出て、数分間かけて束の表面を移動します（②）。移動した後は、③のようにたまっていきます。

これまでの研究で、平衡石をふくんだ細胞は、それ自体が動いているのではなく、繊毛の束がもつ輸送のしくみを使って移動することがわかっています。つまり、繊毛はものを運ぶベルトコンベヤーの役割もはたしているのです。

カブトクラゲと人はずいぶんちがう生きものですが、同じ繊毛をもっているので、カブトクラゲの研究から、人の体についてもわかるかもしれませんね。

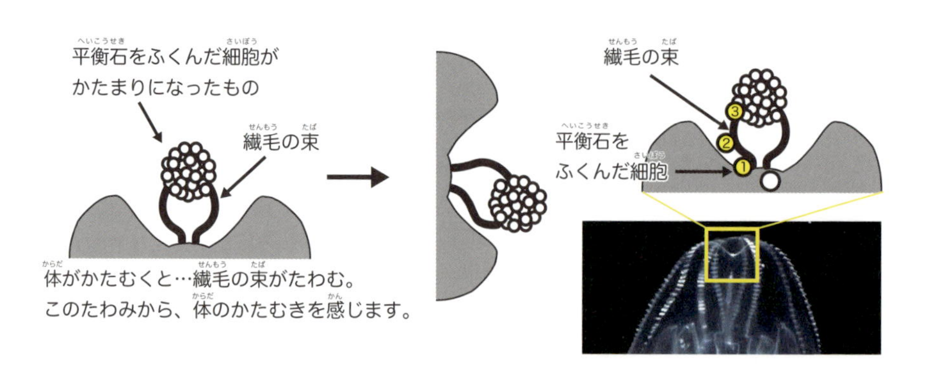

ウリクラゲ

「瓜」の形に似ていることからこの名前がつけられました。加茂水族館では、大量に繁殖したカブトクラゲをエサとしてあたえることで、ウリクラゲの繁殖にも成功しました。当館ではこれまで6種類の有櫛動物の繁殖に成功しています。

もっと知りたい

クシクラゲの繁殖

加茂水族館　池田周平

繁殖成功のカギは親子にあり

最近、水族館ではクラゲの展示が人気になってきました。日本だけでなく、世界中の水族館でクラゲの展示が増えてきています。水族館ではさまざまなクラゲが展示されていますが、その中でも人気の種の1つがクシクラゲ（カブトクラゲやウリクラゲなど）です。体にある櫛板を動かした際に、光を反射して7色にキラキラと光って見えるようすは、とても魅力的です。しかし、クシクラゲの繁殖は非常に難しく、多くの水族館では野外から採集してきた野生のクシクラゲを展示しているだけです。なぜ、繁殖が難しいのでしょうか？

それは、クシクラゲの赤ちゃんがすごく小さいからです。多くの水族館では、クラゲのエサとして、アルテミアという動物プランクトンを使用しています。しかし、アルテミアはクシクラゲの赤ちゃんよりも大きいため、赤ちゃんクラゲはアルテミアを食べることができません。

そこで、クシクラゲの親と赤ちゃんをいっしょの水槽で飼育することにしました。すると、クシクラゲの赤ちゃんは親がエサを食べた後に吐き出した残りを食べて大きくなることができました。この方法で、加茂水族館ではカブトクラゲの繁殖に成功しました。さらに水流やエサの量を細かく調整することでカブトクラゲの安定した繁殖を実現し、これによりカブトクラゲをエサとして食べるウリクラゲの繁殖もできるようになりました。今では6種類のクシクラゲの繁殖に成功しています。今後もさまざまなクシクラゲを繁殖して、みなさんにお見せできるようがんばります。楽しみにしていてくださいね！

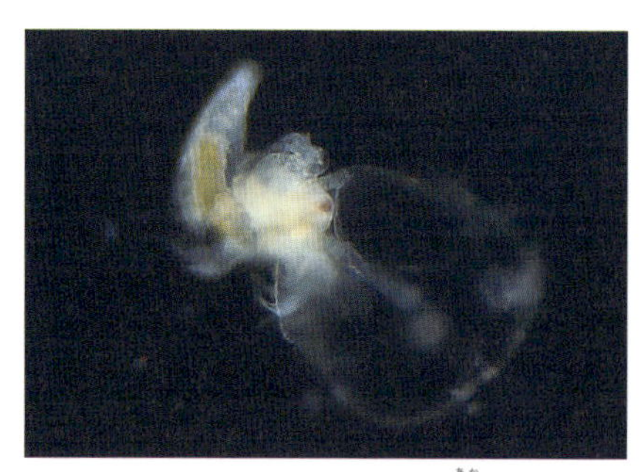

▲エサをつかまえたカブトクラゲの赤ちゃん。

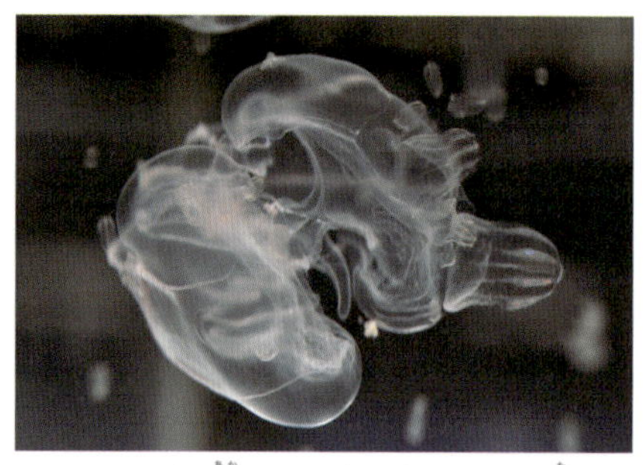

▲ウリクラゲの赤ちゃんがカブトクラゲを食べているようす。

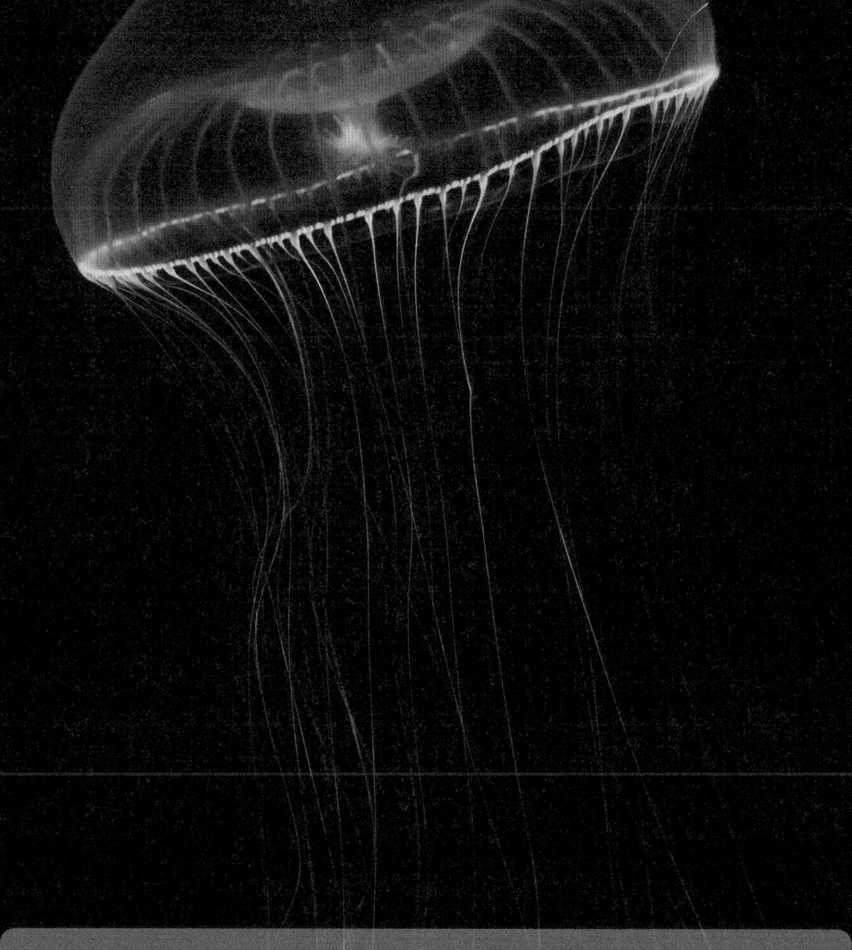

オワンクラゲ（ヴィクトリア）

下村脩博士が蛍光を発するタンパク質を発見したことにより、2008 年にノーベル化学賞を受賞して、話題になったクラゲです。写真の「ヴィクトリア」は日本にいるオワンクラゲとは別の種類で、下村博士が研究で使用したクラゲもこのヴィクトリアです。成長速度もちがっていて、ヴィクトリアの方がどんどん成長します。

56

オワンクラゲはなんで光るの？

飼育員さんからの回答

2種類のタンパク質によって光っています。

オワンクラゲは、刺激を受けると青い光を発する「イクオリン」というタンパク質をもちます。その青い光を「GFP」という別のタンパク質が吸収し、緑色の光を放っているため、私たちには緑色に見えます。

イクオリンが発光するには「セレンテラジン」という物質が必要なのですが、水族館で使用しているエサにはセレンテラジンがふくまれていません。そのかわりに加茂水族館では紫外線ライトを当てて、GFPを発光させています。下村脩博士がこのオワンクラゲのGFPを発見し、ノーベル化学賞の受賞につながったことも有名です。

しかし、オワンクラゲがなんのために光っているのかは、いまだにわかっていません。いつか、オワンクラゲに理由を聞いてみたいですね。

もっと知りたい

オワンクラゲの発光展示

加茂水族館　玉田亮太

光って見えるクラゲと、光るクラゲ

加茂水族館では「光る」クラゲを展示しています。「光る」クラゲと聞いて、クラゲにくわしい方だとクシクラゲのなかま（カブトクラゲやウリクラゲなど）をイメージするかもしれません。しかし、クシクラゲのなかまは光っているわけではなく、櫛板とよばれる繊毛の集まりがドミノだおしのように動き、それが反射して光っているように見えるのです（つまり、本当に発光しているわけではありません）。

では、「光る」クラゲとは、どのクラゲでしょうか？ その正体はオワンクラゲです。

オワンクラゲは世界中に広く生息していて、その名のとおり傘がおわんのような形をしています。このオワンクラゲは、傘のふちに刺激を受けると青く光る「イクオリン」というタンパク質と、その青い光を吸収して緑色の光を放つ「GFP」というタンパク質をもっています。この GFP は、2008 年にノーベル化学賞を受賞した下村脩博士が発見しました。オワンクラゲに刺激をあたえたり、紫外線ライトを当てたりすると、GFP をもっている傘のふちが緑色に光ります。

加茂水族館では、日本に生息する種類とはちがう、アメリカ太平洋沿岸に生息するオワンクラゲ（ヴィクトリア［*Aequorea victoria*］）に紫外線ライトを当てており、実際に GFP が光ったオワンクラゲの姿を見ることができます。下村博士が GFP を抽出した種類も、このヴィクトリアです。

▲オワンクラゲの展示水槽。

もっと知りたい

クラゲの発光

東北大学学際科学フロンティア研究所　別所－上原 学

進化の中で手に入れた発光

オワンクラゲの緑色の光は、青色に光る発光タンパク質（イクオリン）と、青色を緑色に変える緑色蛍光タンパク質（GFP）が協調してはたらくことで生み出されます。この発光タンパク質は、細胞内のカルシウムイオンと結合すると発光が引き起こされます。このカルシウムイオンというのは、神経の活動を伝える物質です。つまりクラゲは、なにか刺激を受けたとき（例えば外敵に食べられそうになったときなど）に、すばやく発光反応ができる特性をもつタンパク質を、進化の中で手に入れたということになります。

ちなみに、このようなクラゲの発光タンパク質の特性は、カルシウムセンサーとして、人をふくめた動物の神経・筋肉の活動の研究にも応用されています。

発光のふしぎはまだまだ残されている

ところでクラゲは、光ってなにがうれしいんでしょうか？ クラゲの発光の生態学的な役割については、まだよくわかっていません。

そして、オワンクラゲは傘のふちが緑色に光りますが、なぜオワンクラゲは緑色に光る必要があったのでしょうか？ シロクラゲは傘のふちが緑色ではなく、発光タンパク質本来の青色に光ります。オワンクラゲのように、緑色に光らなくてもこまらないのでしょうか？ また、オキクラゲは傘全体や口腕など、全身が青色に発光します。傘のふちが光るのと、どうちがうのでしょうか？

今後研究が進み、それぞれのクラゲでいつ・どのように・何色に光るかなどが明らかにされると、それらをくらべることでクラゲの発光の役割がわかってくるかもしれません。

57

クラゲはなんで「クラゲ」とよばれるの？

飼育員さんからの回答

「暗げ」、「暗気」が由来とする説もあります。

クラゲはなぜ「クラゲ」とよぶのでしょうか？ いろいろな説がありますが、一説では「暗げ」、「暗気」が由来とされています。江戸時代中期の辞書に「目がないのでクラゲの世界は真っ暗なはず。だから、くらき・くらげ」と書かれています。クラゲには目に相当する器官があるのですが、このころは目がないと思われていたのかもしれません。

58

クラゲは漢字でどう書くの？

飼育員さんからの回答

「久羅下」など、たくさんの漢字があります。

クラゲを表す漢字はたくさんあります。日本最古の歴史書である『古事記』では「久羅下」、中国の昔の書物では、海にうかぶ月に見えるので「海月」、「水母」、他にもさまざまな書物に「水月」、「久良介」、「石鏡」などと書かれています。

もっと知りたい

クラゲはいつからクラゲって言うの？

国立研究開発法人 水産研究・教育機構　豊川雅哉
（監修）奈良県立万葉文化館

ずっと昔から日本にいたクラゲ

少なくとも奈良時代（西暦 710 ～ 794 年）のはじめごろにはそうよばれていたとみられます。クラゲという言葉は奈良時代のはじめに書かれた『古事記』に登場し、上巻の神話部分に「國稚如浮脂而久羅下那州多陀用弊流之時〈流字以上十字以音〉」とあります。〈流字以上十字以音〉は流の字まで 10 文字は音読みしなさいということなので、この部分は「国土がまだわかく水にうかぶ油のよう」という描写に続いて、「くらげなすただよへる」、つまり「クラゲのようにただよっている」と読めます。

『古事記』に近い時代に編さんされた『日本書紀』巻第一の神代上第一段には「開闢之初洲壌浮漂譬猶游魚之浮水上也」と書かれており、天地が開いたときの洲や島がただよっているようすを、クラゲではなく「魚が水の上に浮いているようだ」としています。どちらも国のはじまりのようすが海の生きものにたとえられているのがおもしろいですね。『古事記』は現存する日本最古の書物です。そんな古い時代から、クラゲは日本人に身近な存在だったのですね。

ところで『万葉集』には、奈良時代以前、飛鳥時代に詠まれた歌がたくさん収められています。『万葉集』にも生きものがたくさん登場しますが、「くらげ」という言葉は見当たりません。

クラゲの荷札

奈良時代の平城京跡から、全国から都に運ばれた荷物の荷札がたくさんみつかっています。その中にクラゲの荷札があります。

「（表）備前国水母別貢 御贄弐斗（裏）天平十八年九月廿五日」

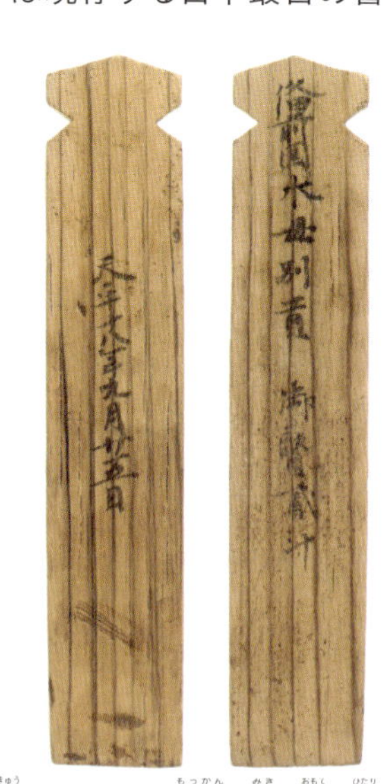

▲ 平城宮でみつかった木簡（右が表、左が裏）。「水母」がクラゲを表しています。
出典：木簡庫（https://mokkanko.nabunken.go.jp/ja/6AABUS48001339）

備前国、今の岡山県東南部から水母（くらげ）が朝廷にみつぎ物として納められたという西暦 746 年9月 25 日付の木簡です。
中国で西暦 200 年代に書かれた『博物志』の中に「鮓魚」という生きものが出てきます。赤黒い血のかたまりのようで、縦横は数尺（1尺は約 30 センチメートル）あり、頭もなく、眼もなく、内臓もない。たくさんのエビがついており、越の地（今の浙江省のあたり）の人は煮て食べてしまうとあり、これはクラゲだと考えられます。飛鳥時代には大陸からいろいろな文化が伝わってきたことが知られていますが、クラゲを食べる習慣もその1つだったのではないでしょうか。クラゲという言葉は食習慣とともに日本語に定着したのではないか、そう考えています。

クラゲはなにを食べるの？

飼育員さんからの回答

おもに小さな
動物プランクトンを食べます。

クラゲの種類によってエサは異なりますが、おもに小さな動物プランクトンを食べます。加茂水族館ではアルテミアという動物プランクトンをあたえています。アルテミアは毎日飼育員が卵からふ化させてあたえています。

他にも小型のエビや魚、クラゲを食べるクラゲもいます。

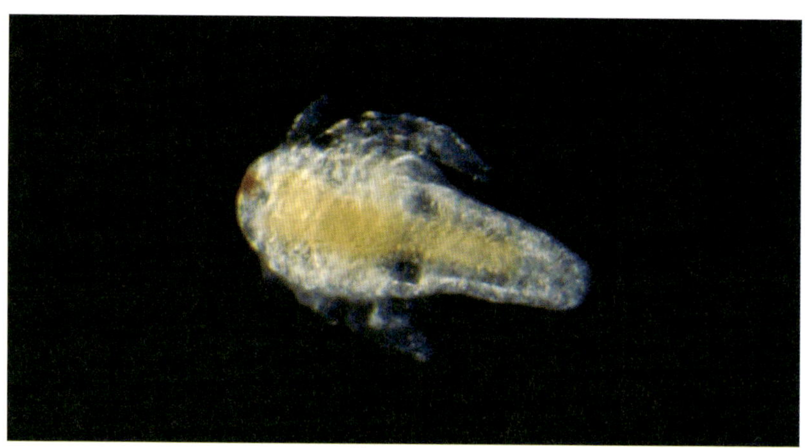

▲アルテミア。0.5 ミリメートルくらいの大きさです。

クラゲを食べるクラゲがいるの？

飼育員さんからの回答

クラゲをエサにするクラゲもいます。

実は、クラゲをエサにするクラゲがいます。共食いのように聞こえますが、基本的に同じ種類は食べずに別の種類のクラゲを食べているので、共食いではありません。

ただ、脳がないのになぜ同じ種類とちがう種類を判別できるのかはわかっていません。加茂水族館では、おもに弱ったり、傷ついたりしたミズクラゲをエサとしてあたえています。また、ウリクラゲにはカブトクラゲをあたえています。

61

クラゲは共食いをするの？

飼育員さんからの回答

基本的に同じなかまは食べません。

クラゲは基本的に同じなかまは食べません。クラゲを食べるクラゲもいますが、ちがう種類を食べるので共食いではありません。私たちが同じ哺乳類のウシやブタを食べるのと同じです。

62

クラゲはまちがえて他のクラゲを食べないの？

飼育員さんからの回答

飼育中、まれに同じ種類のクラゲが食べられています。

多くのクラゲは基本的に共食いをしないと考えられています。しかし、飼育中まれに同じ種類のクラゲが食べられていることがあります。ぐうぜん口に入ってしまったのか、お腹がすいて食べてしまったのかはわかりません。

種類にもよりますが、まれに大きなクラゲは同じ種類の小さなクラゲを食べることがあります。ただ、水槽のクラゲが食べられて全部がいなくなったことはありません。例えばアマクサクラゲでは、成長した大きなクラゲとポリプから遊離したばかりの赤ちゃんクラゲ（エフィラ）を同じ水槽に入れて飼育していると、ときどき大きなクラゲの胃の中にエフィラが入ってしまうことがあります。

また、ポリプも共食いすると考えられています。ミズクラゲのポリプは空腹になると、同じ産地のポリプは食べず、遠くはなれた他の産地のポリプを食べることがあるようです（例えば、東京産のポリプが鹿児島産のポリプを食べるなどです）。脳もないのにどうやって相手を識別しているかは謎です。

▲エフィラを取り込んだアマクサクラゲ。

クラゲはうんちをするの？

飼育員さんからの回答

クラゲもちゃんと
うんちをします。

毒針をもつ刺胞動物のクラゲはおしりの穴がないので、口からうんちします。

毒針をもたない有櫛動物のクラゲは口とおしりの穴がちゃんとあります。クラゲの中には食べものをすべて消化せずに、ほとんど原型をとどめたままうんちとして出してしまう種類もいます。

クラゲは一生のうち いつからエサを食べるの？

飼育員さんからの回答

ポリプになってから
エサを食べることができます。

クラゲがエサを食べはじめるのはポリプの段階からです（→ **Q49**）。プラヌラは口がないので、ポリプになってからエサを食べることができます。

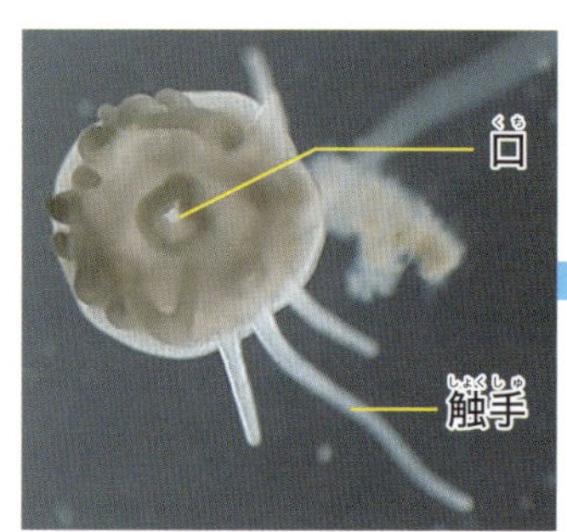

ミズクラゲのポリプ。

エサのアルテミアをつかまえました！

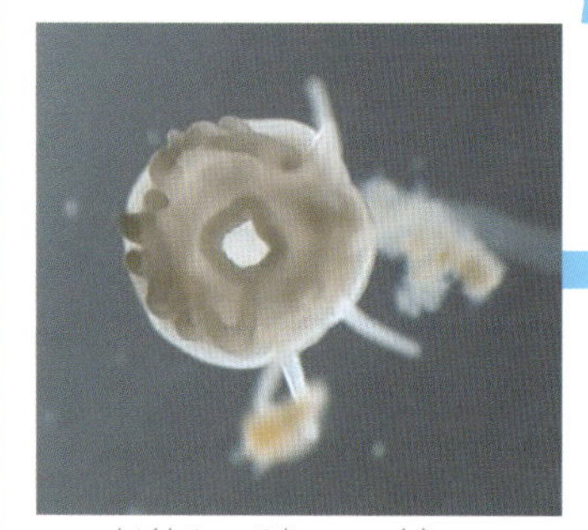

触手を使って口にアルテミアを運びます。

そのまま丸のみして食べます。

毒がないクラゲはどうやってエサをつかまえるの？

飼育員さんからの回答

ネバネバした細胞を使います。

基本的に、カブトクラゲなどの有櫛動物のなかまは毒針をもっていません。

そのかわり、有櫛動物は「膠胞」というネバネバした粘着細胞をもっており、これを使ってエサをつかまえます。

長い触手をもつトガリテマリクラゲは触手に膠胞があり、エサをつかまえると触手が一気に縮んで、口まで運んでいきます。触手をもたないウリクラゲなどでは口のまわりに膠胞があり、カブトクラゲなどをしっかりとつかまえて食べることができます。

トガリテマリクラゲ

2本の紅色の触手が特徴です。触手にある粘着質の膠胞という細胞を使ってエサをつかまえます。アルテミアの幼生をあたえてもあまり食べず、少し成長して大きくなったアルテミアをよく食べます。

クラゲって食べられるの？

飼育員さんからの回答

約 10 種類が食べられています。

現在食用とされている（食べられている）クラゲは、10 種類くらいだといわれています。

加茂水族館にはクラゲラーメンやクラゲ定食、クラゲアイスなどのさまざまなクラゲ料理があるので、来館したときにはぜひ挑戦してみてくださいね！ クラゲラーメンには、チャーシューのかわりにキャノンボールジェリーというクラゲを使用しています。展示水槽から取り出しているわけではなく、加工されたクラゲを業者さんから買っているので、ご安心ください。

▲クラゲラーメン。当館の人気メニューで、しょうゆ味とみそ味があります。コリコリしておいしいです。

もっと知りたい

日本三前クラゲ

加茂水族館　玉田亮太

日本で食べられていた「三前クラゲ」

クラゲは中華料理の材料としてかかせないものですが、日本にもクラゲを食べる文化があります。

その歴史は古く、奈良時代にクラゲの荷札がみつかっていたり、江戸時代の書物に記録が残っていたりします。日本で食べられるクラゲは昔の肥前国（現在の佐賀県と長崎県のあたり）・越前国（現在の福井県のあたり）・備前国（現在の岡山県のあたり）という、「前」がつく場所でみつかっています。昔から肥前国ではヒゼンクラゲ、備前国ではビゼンクラゲが食べられていて、近年では越前国でみつかったエチゼンクラゲが食べられるようになり、この3種はまとめて「三前クラゲ」とよばれています。加茂水族館ではこの「三前クラゲ」を展示しており、レストラン「沖海月」では日本三大海蛇御膳でクラゲの食べくらべをしたり、海外のクラゲが入った料理を食べたりできます。クラゲを目で見て、味を感じて、堪能してみてください。

世界で食べられているクラゲ

現在、世界では約 10 種類のクラゲが食用とされています。中国や東南アジアではクラゲ漁業がおこなわれ、日本は約 3500 トンの食用クラゲを輸入して料理に利用し、最近ではヨーロッパでもクラゲが注目されはじめています。

そんな食用クラゲですが、中国ではクラゲがいなくなってしまいそうなので、繁殖させて維持しているそうです。日本の有明海もクラゲ漁業で有名ですが、この海域では禁漁期（海の生きものをつかまえるのを禁止する期間）を設けて、海の資源がなくならないように、そして持続的にクラゲがとれるように努めています。

▶日本三大海蛇御膳。左上がエチゼンクラゲ、右上がビゼンクラゲ、中央がヒゼンクラゲです。

67

クラゲはいつから食べられているの？

飼育員さんからの回答

今から1700年前には食べられていたようです。

少なくとも今から1700年前には、クラゲが中国で食べられていたとされる記録があります。

ただ、いつから食べられていたかはわかっていません。食用クラゲの歴史は意外と長いのです。

68

クラゲのどの部分を食べるの？

飼育員さんからの回答

傘や口腕を食べます。

傘や口腕を食材として使うことが多いようです。触手の部分は、使わずに捨ててしまいます。以前は傘のみを食べて口腕は捨てていたようですが、最近、種類によっては口腕も食材として加工するようになってきたそうです。

クラゲはどんな味？

飼育員さんからの回答

味もにおいもしませんが
コリコリしています。

人によって味の感想はちがいますが、お客様に聞いてみると「味もにおいもしないけど、コリコリした食感がいい！」という意見が多いです。

たまにスーパーで見かける中華クラゲには味がついています。キュウリとあえるだけで、最高のお酒のおつまみになります。

▲中華クラゲをキュウリとあえたもの。飼育員も大好きです。

もっと知りたい

「クラゲを食べる会」のはじまり

加茂水族館　佐藤智佳

「クラゲを食べる会」のはじまり

加茂水族館がクラゲの展示をはじめてから、落ちこんでいた入館者数が少しずつ増えていきました。ですが、まだまだ当館の知名度は高くなかったので、さらにたくさんの人に来てもらうべく、話題になることを探していたときのことです。

ボランティアガイドの方の「外国で底引き網を引いていたときに、クラゲばっかり網にかかって、頭にきてクラゲをうす切りにして熱湯をかけて食べたことがある」という話をヒントに、「クラゲを食べる会」をおこなうことになりました。

おいしいものから、ヘンテコなものまで

加茂水族館の目の前の庄内浜には、食用になる「ビゼンクラゲ」が秋に出現するため、それをつかまえて調理することにしました。しゃぶしゃぶに握り寿司、姿造り、クラゲ寒天、ナタデココ風クラゲココ入りジュース……。おいしいものからそうでないものまで、10種ほどのメニューが並びました。これが話題となって多くのメディアに取り上げられ、一気に当館の知名度も上がりました。話題になった後も「クラゲを食べる会」は何度もおこなわれ、そのたびにふしぎなメニューがテーブルに並びました。

「クラゲを食べる会」から発展して、クラゲアイスや、おみやげにクラゲ入りまんじゅう、クラゲ入りようかんも登場しました。ついにはレストランでクラゲラーメン、クラゲ定食などのメニューも登場しました。話題作りのためのおもしろおかしい「クラゲを食べる会」がはじまりで、今では「加茂水族館に来たらクラゲを食べよう！」といわれるほどになりました。

まだ口にしたことのない方は、ぜひお試しください。「クラゲを食べる会」とはちがって、加茂水族館で提供している商品はどれもおいしいですよ！

70

クラゲには コラーゲンが多いの？

飼育員さんからの回答

コラーゲンを多くふくんでいます。

クラゲは体のほとんどが水（→Q 01）なのに、ナタデココのようなかたさを維持できるのは、コラーゲンのおかげだといわれています。クラゲのコラーゲンは皮ふの再生医療に有効だということで研究されています。クラゲのコラーゲンを利用した化粧品も開発され、売られています。

71

クラゲには毒があるけど 食用に加工するとなくなるの？

飼育員さんからの回答

段階的に刺胞を無効化しています。

食用クラゲにくわしい研究者さんによると、クラゲの傘の表面を洗い流すときに、毒がある刺胞もなくなるそうです。また、塩とミョウバンで脱水するときにも（→Q 73）刺胞が無効化されると考えられていますが、くわしくはわかっていません。毒があるエチゼンクラゲも、加工するとおいしく食べられます。

72

食用クラゲの成分は？

飼育員さんからの回答

ほとんどが水で、
低カロリーです。

　クラゲの体のほとんどは水で、残りはごくわずかなタンパク質、脂質、炭水化物、ミネラル、ビタミンなどがふくまれ(→ Q01)、低カロリーな食品として知られています。加茂水族館でもクラゲを使ったさまざまな料理を提供しています。

73

クラゲはどうやって食用に加工するの？

飼育員さんからの回答

基本的には
塩とミョウバンを使います。

基本的には塩とミョウバンを使って加工します。
塩とミョウバンの濃度、つける日数、工程をくり返す回数などの細かいところは、国や業者によって異なるそうです。

①

まずクラゲを水道水でよく洗い、よごれや腐りやすい生殖腺などを取り除きます。

②

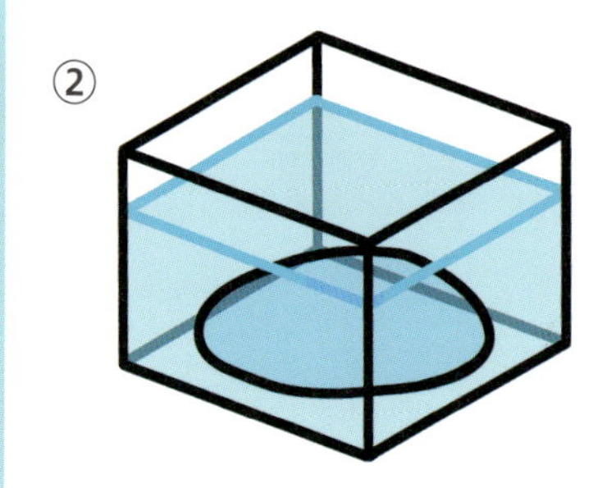

クラゲを塩とミョウバンに数日間つけて、脱水させます。この工程をくり返します。

もっと知りたい

クラゲはどうやって食用に加工するの？

東海大学海洋学部　西川　淳

クラゲの加工

クラゲの種類や産地（おもな産地は中国・東南アジア・日本）によってやり方は少しずつちがいますが、食用のクラゲの多くは、とってきた後にクラゲを傘と足（口腕）の部分に分け、それぞれ別の池で加工します。クラゲによっては傘に色があったり、小さな突起があったりするので、表面をヘラやナイフでうすくそぎ取る場合もあります（ヒゼンクラゲなど）。また、粘液やよごれなどはできるだけていねいに海水で洗って取り除きます。

次にミョウバン水、もしくは塩とミョウバンをまぜた水に半日～3日程度つけ込みます。塩 10 に対してミョウバン1～2くらいの割合が多いようです。その後も何度か水を切りながら、塩とミョウバンを傘や口腕にまぶして、水をぬいて、かたくしていきます。殺菌のために苛性ソーダをほんの少し使う場合もあります。最後は塩とミョウバンをていねいに洗い流し、セミドライの状態（水分をふくんだ半乾きの状態）で塩といっしょに保存するか、そのまま袋につめて出荷します。

クラゲは、その地域だけの方法で加工がおこなわれて、食べられていることもあります。例えばタイのシーラチャでは、クラゲを洗った後、数時間コウエンボク（木の一種）の皮といっしょに海水にひたします。そうすると、皮から赤色の液体が出てきて、クラゲがピンク色になります。この液は菌が増えるのをおさえる作用があるといわれており、クラゲはそのまま袋につめられ、市場で売られます。

日本でも、江戸時代中期ごろまでは、クラゲを灰汁（柴の葉などを焼いた灰）を入れた塩水につけて加工することもあったそうです。

◀タイのシーラチャ独自の加工で、ピンクになったヒゼンクラゲ。

74

クラゲは食用以外になにか利用できるの？

飼育員さんからの回答

いろいろな分野で利用されています。

クラゲの体の物質や保水力を利用して、薬の開発や緑化など、さまざまな試みがおこなわれています。

クラゲを熱で乾燥させてチップ状にした「クラゲチップ」はばつぐんの保水力があり、現在植物の生育実験や研究に使われています。

中国では、昔からクラゲを漢方として利用しているそうです。
また、エチゼンクラゲなどから取り出される「ムチン」という物質が人の関節の治療に効くと期待され、研究が進んでいます。

クラゲは死ぬと自分の細胞をとかす「自己消化液」がはたらきます。
クラゲが死んでとけた水を赤潮の発生した海に入れると、赤潮がおさまることが知られています。

75

クラゲには どんな研究があるの？

飼育員さんからの回答

さまざまな研究があります。

クラゲの体の物質や、クラゲ自体に関するもの、クラゲをとりまく環境など、たくさんの研究があります。なかには、クラゲのロボットの研究もあります。みなさんはどんな研究がおもしろいと思いますか？

76

クラゲにはほんとに いやし効果があるの？

飼育員さんからの回答

ストレスが軽くなるといわれています。

お客様に聞いてみると「ゆっくりと泳いでいる姿や動きにいやされる」という意見が多いです。クラゲを見てストレスが軽くなったことを、科学的に証明した研究もあるようです。

都会の水族館だと、サラリーマン風の方がクラゲ水槽の前で何時間もぼーっとしている姿がよくみられるそうです。日々のつかれをいやしているのかもしれませんね。

もっと知りたい

クラゲの研究

京都大学フィールド科学教育研究センター瀬戸臨海実験所　河村真理子

増えたクラゲを食べる生きもの

クラゲの研究は、この本にあるようないろいろな疑問から生まれます。近年では、世界各地で起こっているクラゲの大量発生に関心が集まり、その過程やしくみに関する研究が多くなっています（→**Q 78**）。でも、増えたクラゲを食べる生きものっているのでしょうか？ ここでは、そういった疑問から生まれた研究を紹介します。

クラゲは海でさまざまな生きもの（捕食者）に食べられます。例えば、クラゲを食べる魚はサバ、アジ、カワハギ、マンボウが知られています。また、イセエビ類の幼生（子ども）やウミガメ類にとっても、クラゲは重要なエサです。この本の読者のみなさんなら、クラゲを食べるクラゲがいることも知っているでしょう。このようなクラゲ食は、クラゲを食べるようすを見て確認するか、胃の中を調べることによって研究されてきました。

最近の研究では、カメラを取りつけたペンギンが、ふだん食べている魚や甲殻類以外にも、クラゲをねらって食べることがわかってきました。特にコガタペンギンとアデリーペンギンは、それぞれユウレイクラゲとミズクラゲのなかまをよく食べていることがカメラを通して観察されました。恒温動物であるペンギンは、冷たい海を泳ぐためにたくさんのエネルギーを必要とします。ペンギンにとって、低カロリーなクラゲを食べるのは効率がよくないように思えますが、つかまえるのが簡単で消化しやすく、比較的高カロリーな部分（生殖腺や口腕）を選んで食べることで、クラゲも十分に食べものになると考えられています。

▲アデリーペンギン。
写真提供：名古屋港水族館

もっと知りたい

ミズクラゲサイボーグ

東北大学大学院工学研究科 ロボティクス専攻　大脇　大

ミズクラゲをハッキングする!?

ミズクラゲは、透明でゆらゆらと海をただよう、なんとも神秘的な生きものです。シンプルな見た目とはうらはらに、おどろくべき省エネ能力をもっていて、実は海の中でいちばんエネルギー効率がよい生きものなのです！

このユニークな能力をいかして、「ミズクラゲハック」というプロジェクトを進めています。マイクロコンピューターを使って、クラゲの筋肉にビリビリっと小さな電気の刺激をあたえ、クラゲの動きをコントロールする実験をおこなっています。これは、生物学とロボット工学の組み合わせから生まれた「生物サイボーグ」という新しいジャンルの研究です。この方法なら、生きものそのものがロボットの一部となり、ロボットを作るたくさんの工程がすごく減らせるのです。

想像してみてください。ミズクラゲサイボーグが海を自由に泳ぎながら、海のよごれを検知し、それをきれいにするようすを。このシナリオは、もはやファンタジーではありません。科学技術の進歩によって、環境保護などの社会の課題に貢献する可能性をひめています。特によごれやすい海のモニタリングや有害物質を取り除くのに、ミズクラゲサイボーグは大きな役割をはたすのです。

近い未来、科学によって、クラゲが主役のまったく新しい問題解決ができるかもしれませんね。

▲ミズクラゲサイボーグ。

▲未来のミズクラゲサイボーグのイメージ。環境問題を解決する日が来るかも!? 筆者が生成 AI（DALL・E）で作成

もっと知りたい

クラゲがあやつるロボット

長浜バイオ大学バイオデータサイエンス学科　清水正宏

クラゲの走光性

「クラゲには知能がある」といわれたら、どう思いますか？ 一見、クラゲの動きに意味なんてないように思えるかもしれません。ですが、そんなクラゲの動きも「クラゲと環境をセットにして、外からながめる」ことで、クラゲの知的なふるまいがみえてきます。

例えばミズクラゲは、光に近寄っていく性質（走光性）をもっています。それを応用して、カメラでクラゲの動く方向と速さをとらえてロボットに伝えることで、クラゲが操縦するロボットを作ることができます。

クラゲにロボットを操縦してもらうことで、海や水族館で泳ぐクラゲをただ観察するだけではわからなかった、「クラゲはどうやって光を追いかけるのか」がわかるようになります。また、クラゲが海を飛び出して、地上で動きまわっているところを想像してみてください。ロボットを使えば、クラゲが地上にいたらどのように行動するのか、わかるかもしれません。ワクワクしませんか？

自律型ロボット（ロボット自身が判断して、行動できるロボット）開発の難しさの１つは、「想定外」の発生でロボットがとまってしまうことです。一方で、生きものはとまらず変化する環境のもとで生き続けています。私たちは、生きものをロボットの部品、もしくはロボットそのものにしたてあげる方法で、生物知能のロボットへの実装をめざしています。

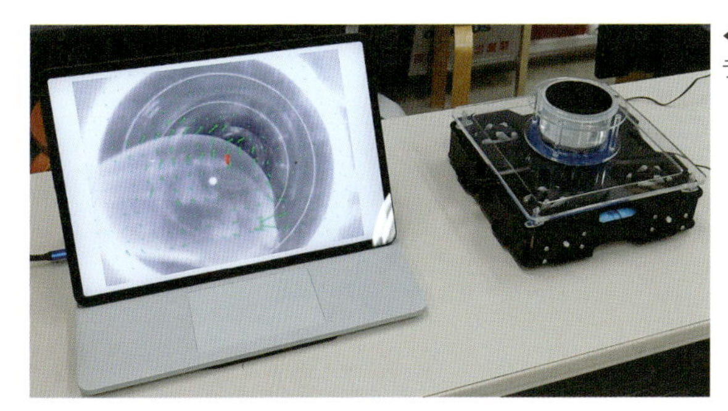

◀クラゲの動きをとらえて動く、クラゲ操縦型ロボット。

◀ロボット上のクラゲの操縦席。

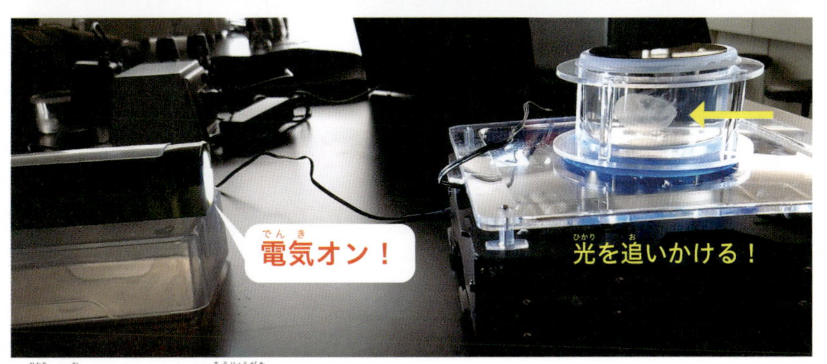

▲光を追いかけるクラゲ操縦型ロボット。

もっと知りたい

クラゲのシンクロ

九州大学大学院芸術工学研究院　伊藤浩史

クラゲはタイミングを合わせて泳ぐ!?

たくさんのクラゲが、1つの水槽で泳いでいるのを見たことはありますか？ぱくぱく傘をリズムよく動かすクラゲには、いのちの本質を見ているようなふしぎな魅力があります。そうしてじっと見ていると、クラゲごとにリズムの速さ（周期）がちがうことに気づきます。どうやら、のんびりしたものからせっかちなものまで、個性があるようです。

ところで、生きものは集まると同じ周期で行動することがあり、「シンクロ」といいます。例えば、熱帯ではホタルが1つの木に何百もむらがり、同時にぶわっと光ります。あるハチは全員でリズミックに羽をふるわせて、近づいた敵をおどします。植物でも、竹やぶの竹は100年に一度、いっせいに花をさかせるようです。実は、生きものがおたがいに影響をおよぼしあうとシンクロが必ず起こると、高度な数学で証明されています。

では、周期がちがうクラゲもシンクロするかもしれませんよね？そこで2匹のブルーキャノンボールをむぎゅっとむりやりくっつけてみたところ、なんと泳ぎの周期がそろったのです。リズミカルに棒でつついてもシンクロが起こるので、外からの刺激に反応して傘を動かすことがポイントのようです。

ブルーキャノンボールは、ぎゅうぎゅうに群れて泳ぐこともあるようです。そんなとき、海ではシンクロしているかもしれません。シンクロしたら水流ができて速く動けるなど、いいことがあるのでしょうか。クラゲのシンクロのヒミツをもっと解明できれば、いつか水族館でシンクロするクラゲの大群を見ることができるかも？さらにいのちの本質にせまれるかもしれません。

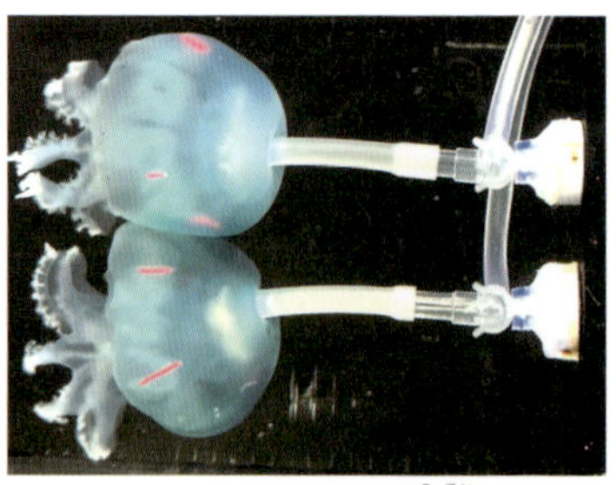

▲ブルーキャノンボールを固定してくっつけると、リズムがシンクロしてしまいます。

もっと知りたい

知っているとじまんできる!?アート作品の中のクラゲたち

国立研究開発法人 水産研究・教育機構　豊川雅哉

ここでは、クラゲがタイトルやコンセプトに取り上げられたアート作品をいくつかご紹介します。

エルンスト・ヘッケル『自然の造形』(1899 ～ 1904 年)

生きものの図を美しく配置していて、100 枚のうち 20 枚にさまざまなクラゲがえがかれています。発表当時からとても人気の作品で、同じ時代の工芸家や建築家に影響をあたえました。例えば、エミール・ガレの『クラゲ文花瓶』(1900 ～ 1904 年) には触手をのばしてただようクラゲがえがかれていますが、これは 8 ページのコンパスジェリーをお手本にしています。インターネットアーカイブでは、原書の写しを見ることができます。

栗本丹洲『蛸水月烏賊類図巻』(成立年不明)

8 枚のクラゲの図があり、少なくともユウレイクラゲ、ヒクラゲ、アカクラゲ、ビゼンクラゲを判別することができます。水の中にいるかのようにみごとに広がった触手の絵を、どうやってえがくことができたのでしょうか。実物をガラスの器に入れてながめたのでしょうか? 国立国会図書館のデジタルコレクションで見ることができます。

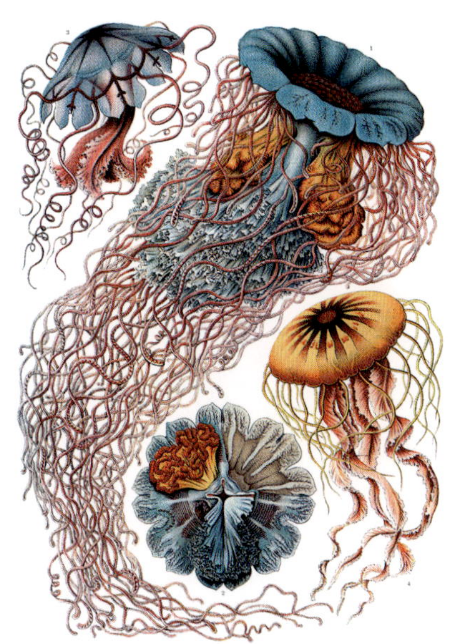

▲エルンスト・ヘッケル『自然の造形』8 ページの、コンパスジェリー(右下の傘がオレンジ色のクラゲ)の図。
出典:Wikipedia(© Ernst Haeckel)

岡本太郎『生命の樹』(1970 年)

大阪万博で作られた作品『太陽の塔』の内部にあるモニュメントです。生きものたちの中に、ポリプと 2 種類のクラゲがいます。太陽の塔の内部は復元されており、入って見ることができます。

現代では絵、アクセサリー、映画やアニメなど、クラゲのイメージがあふれています。クラゲのイメージの広まりには、加茂水族館もふくめたクラゲ展示の発展が一役買ったのはまちがいありません。

77

クラゲとなかよしになれるの？

飼育員さんからの回答

なかよくなれると
信じています…。

クラゲには脳がないので、おそらく感情はないと思われます。話しかけても反応はありません。ただ、毎日愛情をもって飼育していると、すくすくと育っていくのを実感できます。

なかよくなれると信じて、一方的な愛を注いでいます。

78

クラゲはなんで大量発生するの？

飼育員さんからの回答

さまざまな要因がかかわっています。

地域や環境によってさまざまな要因が複雑にからみあっていて、原因が１つにしぼれるものではありません。

ただし、地球の温暖化（温かくなる）や海の富栄養化（栄養が多くなる）、密猟者による魚の乱獲、海の人工構造物（桟橋など人が作ったもの）の増加などの人の行動が、おもな原因となっているといわれています。

私たちは、人中心の考え方をするのではなく、地球上すべての生きものとともに生きる方法を考えなければいけません。

そのために、小さいころから自然にふれ、生きもののすばらしさや生命のすごさを体感することが大切です。

もっと知りたい

エチゼンクラゲ大量発生

広島大学生物圏科学研究科　上　真一

エチゼンクラゲが大量発生すると

エチゼンクラゲは毎年春に中国の浅い海でエフィラとして生まれ、大きく成長しながら海流に乗って、夏から秋に日本海にやってきます。その移動距離、期間はそれぞれ最大 2500 キロメートル、8 カ月にもおよびます。エチゼンクラゲは渤海、黄海、東シナ海、日本海などの東アジア縁辺海（大陸のふちに位置する海）にすんでいるので、大発生の年はその場所全体が巨大なクラゲでおおわれてしまい、その規模は世界最大級となります。

2009 年に起こった大量発生は史上最大級で、日本海ぞいの大型定置網には数千～数万体のクラゲが入り続け、網は完全にクラゲに乗っ取られ、漁業にひどい被害をもたらしました。同じようなできごとは韓国、中国でも起こりました。

大量発生がまた起こるかも

エチゼンクラゲの大量発生は、1901 ～ 2000 年には約 40 年に一度のとてもめずらしい現象でしたが、2000 年をすぎるとひんぱんに起こるようになり、2002 ～ 2009 年には毎年のように起こりました。その原因は中国の海の環境が変わったからだと考えられていますが、わからないままです。2009 年からは大量発生していませんが、クラゲが増えると考えられる人の活動の影響（地球の温暖化、海の富栄養化、魚の乱獲、海の人工構造物の増加など）はますます大きくなっています。近い将来、ふたたびエチゼンクラゲが大量発生する可能性は高いのです。

◀網に入ったエチゼンクラゲと格闘する漁業者たち（2005 年 12 月 8 日、岩手県久慈市で撮影）。

79

クラゲが大量発生するとなんでこまるの？

飼育員さんからの回答

人にとってさまざまな被害が生じてしまうからです。

クラゲが大量発生すると、海に入ったときにさされたり、定置網漁などの漁業に被害をもたらしたりします。また、発電所の電気をとめる原因にもなります。被害を防ぐためにさまざまな対策や研究が進められていますが、簡単ではありません。

80

クラゲが大量発生するとなんで電気がとまるの？

飼育員さんからの回答

水の取り入れ口につまるからです。

火力・原子力発電所では発電機を海水でひやして使います。クラゲが大量発生すると海水を取り入れるところにつまって、機械をひやせず、電気をつくれなくなります。発電所では網をはったり、泡でクラゲをうかせたりといろんな対策をしています。クラゲはその場所で一生けん命生きているだけなのです。人もこまらず、クラゲも傷つかない方法がみつかるといいですね。

81

クラゲの天敵はだれ？

飼育員さんからの回答

ウミガメやマンボウ、
カワハギのなかまです。

おもにウミガメやマンボウ、カワハギのなかまです。ただ、赤ちゃんクラゲはほとんどの魚に食べられてしまいます。また、ウミガメなどがクラゲとまちがえてポリ袋を食べて死ぬこともあります。絶対にごみをポイ捨てしないでくださいね！

82

クラゲは天敵が来たときどうするの？

飼育員さんからの回答

強力な毒針で身を守ります。

クラゲは魚みたいに速く泳げないので、天敵が来てもにげられません。そのかわり、強力な毒針で身を守ります。

ただ、毒がきかない相手が来たときはなすすべがありません。例えば、ウミガメのかたい皮ふは毒針をいっさい通さず、クラゲをかみくだきます。マンボウは口で食いちぎり、のどの奥にある歯で細かくしてから、飲みこんでしまいます……。

もっと知りたい

海ごみ問題へのとりくみ

加茂水族館　里見嘉英

海のごみによるいろいろな問題

ウミガメは、クラゲを好んで食べるといわれています。ためしに加茂水族館で保護して飼育しているアオウミガメにミズクラゲをあたえてみたところ、いきおいよくかみついて、あっというまに食べてしまいました。海洋ごみ（海ごみ）として海にただようプラスチックの袋はクラゲに似ているため、ウミガメがクラゲとまちがって食べてしまい、腸につまらせ、ときにはそれが原因で死んでしまいます。

▲クラゲを食べるウミガメ。

海にただよう小さなプラスチックごみも問題です。多くはプラスチック製品がボロボロになったものですが、プラスチック製品の原料となるレジンペレットもただよっています。世界中で流出しているらしく、世界中の海岸でレジンペレットがみられます。プラスチックは魚がエサとまちがえて食べ、ウミガメと同じように死んでしまったりして、また、その魚を食べる鳥にも問題を引き起こします。

さらにプラスチックには、過去に地球上に広がった毒物のポリ塩化ビフェニル（PCBs）という物質を表面にくっつける性質があります。食べると毒が体の中にとけ出すことがあり、こうなると被害は汚染された魚などを食べる人にまでおよぶことになります。

海という大自然の環境は、多くの生きもののすみかです。陸にいる人のくらしの中ではなかなかみえてこない海の問題の現状を多くの人に知ってもらうために、加茂水族館では海ごみ問題に関する学習会やワークショップを開いています。

▲レジンペレット。

▲小さなプラスチックごみ。

83

クラゲは家で飼える？

飼育員さんからの回答

正直、とてもたいへんです。

ほとんどの種類が海で生きていることや、エサを確保しなければいけないこと、水流の調節、温度や水質の管理など、気をつけなければいけないことが多くあります。体がとてもやわらかいため、少しの衝撃で傷ついてしまうクラゲもいます。

本気でクラゲを飼いたいときや、くわしく聞いてみたいときは、加茂水族館のクラゲコーナーにいる飼育員に聞いてみてくださいね。また、サカサクラゲは水流がいらないので、他のクラゲにくらべると飼育が難しくありません。

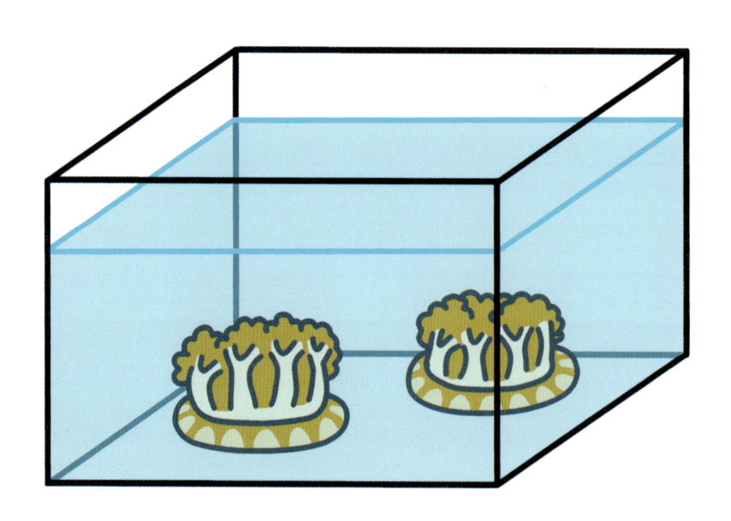

クラゲの水槽はどこで売ってるの？

飼育員さんからの回答

設計したものを作ってもらっています。

魚のものとはちがい、クラゲの水槽は特別なつくりになっています。現在加茂水族館で使っているクラゲの水槽は、当館の奥泉館長が設計したもので、水槽を作っている会社に依頼して作ってもらっています。本気で飼いたい方は加茂水族館のクラゲコーナーにいる飼育員に聞いてみてくださいね。

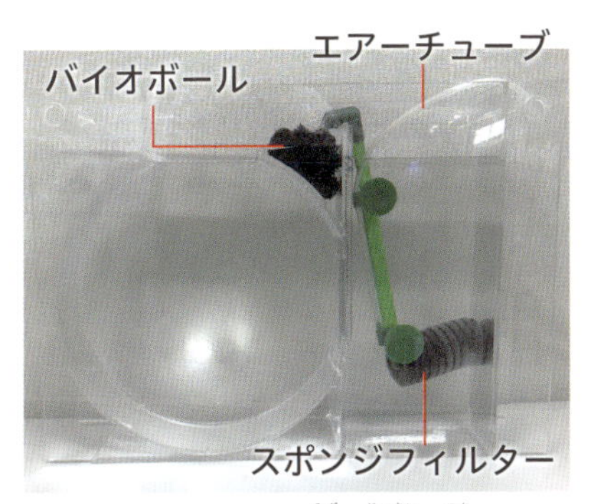

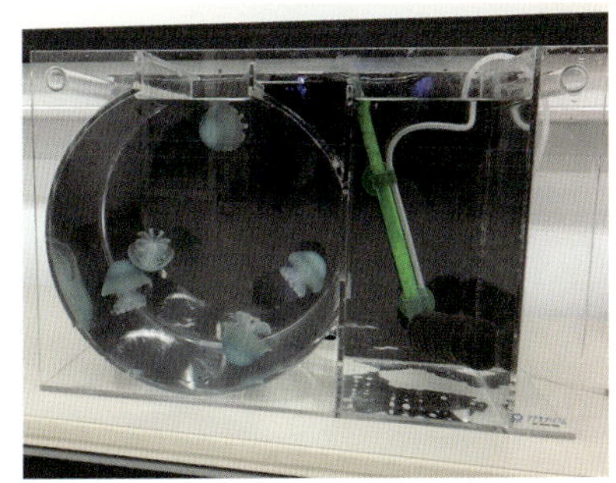

▲クラネタリウム300。右は実際に使っているところ。

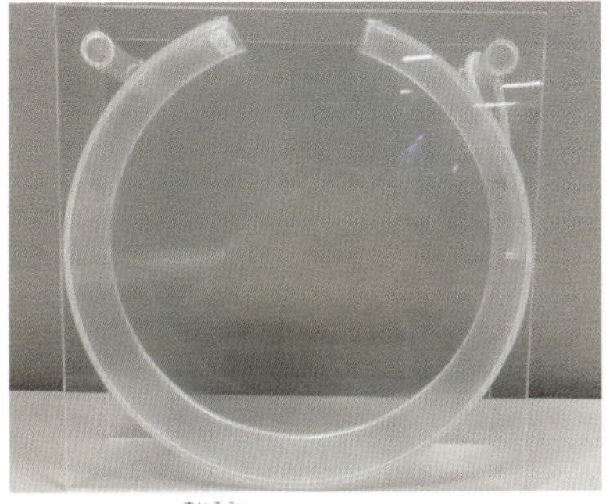

▲クレイゼル水槽。

もっと知りたい

クラゲ水槽の開発はびんぼうゆえ

加茂水族館 館長　奥泉和也

「たまたまぐうぜん」のサカサクラゲから

1997年、加茂水族館の水槽に「たまたまぐうぜん」サカサクラゲが発生しました。サカサクラゲは吸盤のように海底に引っついて生活していて、金魚鉢でも飼育できます。そんなサカサクラゲを展示すると、お客様からは見た目のおもしろさから、飼育員からは増え方のおもしろさから大うけしたのです。そこでクラゲをもっと見せようと、船でつかまえては展示しました。水槽の底でパコパコ動いているサカサクラゲとちがい、ゆうがにただようミズクラゲやアカクラゲなどは、とてもとてもよろこばれました。しかし、魚の水槽で展示したのですぐに死んでしまい、1週間もお見せできませんでした。

そこで、クラゲを長く飼育するために工夫をはじめました。複雑で高度なクラゲ専用の水槽も売られていたのですが、高くて手が出ません。そこで、クラゲがどうして死ぬのかを観察して、記録することにしました。こすれる、水とともに吸われる、水流をつけるパイプに引っかかる、うまく泳げない、うかない、しずまない、などなど。さまざまな原因を取りのぞき、簡単に作れる安いクラゲ水槽を3年かけて設計しました。最初は空気がまじったり、水流がうまくまわらなかったりとあきらめかけましたが、数台のプロトタイプを経て、満足できるしあがりになりました。

できあがった水槽はよく「加茂式水槽」とよばれますが、「オクイズミスペシャルミレニアム2000」が正式な名前です。シンプルで今までの1/10の値段で作れますし、使いやすいので、特許はとらないで広く使ってもらうことにしました。今ではパリやウィーンの水族館でも使われています。失敗は星の数ほどありますが、私は水槽の設計が大好きなので、当館のすべてのクラゲ水槽を作りました。お金持ちだったら、たぶん設計しなかったでしょう。びんぼうで工夫するしかなかったのがよかったのかもしれませんね。びんぼうはイヤですが。

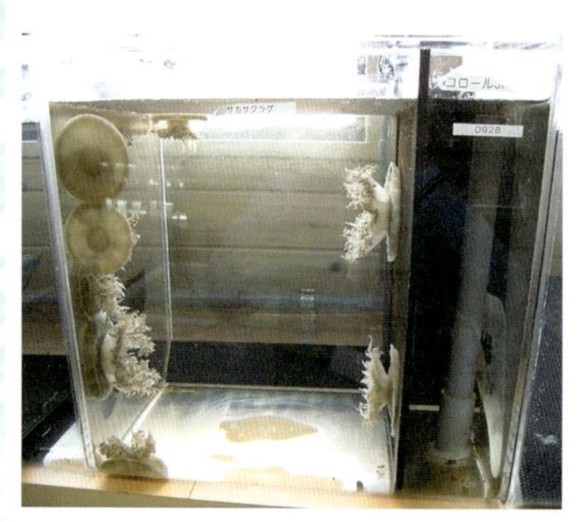

85

クラゲはどうやってつかまえるの？

飼育員さんからの回答

ひしゃくやプランクトンネットですくいます。

堤防や船の上からみつけて、ひしゃくやプランクトンネットなどの目の細かい網ですくいます。

漁港でひしゃくを持ってウロウロしている人がいたら、それは変質者ではなく、クラゲハンターです。もし見かけたら、あたたかい目で見てあげてください。

▲目に見える大きなクラゲは、体を傷つけないように、ひしゃくで海水といっしょにすくいます。

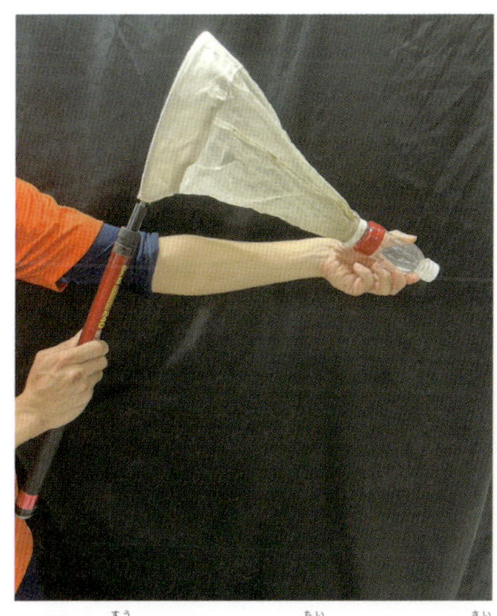

▲わずか数ミリメートルの小さなクラゲを採集するときには、プランクトンネットを使います。水中に網を入れて、目に見えない小さなクラゲをこしとります。

もっと知りたい

クラゲの採集

加茂水族館　村井貴史

漁港で気軽にクラゲ採集

水族館で飼育するクラゲの多くは、館内で繁殖させたものです。でも飼育をはじめるときには、まず海からクラゲをとってこなければいけません。クラゲはどうやって採集するのでしょう？ 船に乗って遠くの海に出かけたり、海にもぐったりしなければいけないのでしょうか。そのようにしてクラゲをとることもありますが、もっと気軽にできる方法があります。岸壁からクラゲをすくうのです。

小さな漁港などに行ってみると、岸べから水中にいるクラゲが見えることがあります。これを、大きなひしゃくを使って水ごとすくいあげます。クラゲは体がやわらかくて傷つきやすいので、水といっしょにできるだけ優しくバケツなどに入れます。コツは、空気の泡がクラゲの体に入ってしまわないように扱うことです。また、さわるとさされるので、クラゲに直接ふれないように気をつけます。とても小さなクラゲは、水面の上からでは見えないことがありますが、こんなときには目の細かい網を使って、クラゲがいるかもしれない水中をゆっくりすくってみます。網に残ったものを海水を入れた容器にあけてみると、たくさんの小さなプランクトンにまじって、ぴょこぴょこと動くクラゲがみつかるかもしれません。

このように、ちょっとした道具があればクラゲを採集することができます。実際にやってみると、とても楽しいです。しかし、持って帰って飼育するのはけっこうたいへんです。ちょっとだけ観察して、海にもどしてあげるのもいいでしょう。

▲高知県の漁港でクラゲを採集しているところ。

もっと知りたい

クラゲの出現動態

加茂水族館　玉田亮太

たくさんのクラゲを展示できるヒケツは、調査

クラゲが１年中海にいることは知っていますか？ クラゲと聞くと、お盆をすぎると海水浴場に出るイメージがあるかと思います。しかし、クラゲは夏だけではなく１年をとおして見ることができます。

クラゲたちはイソギンチャクのような形をしたポリプで生活します。ポリプがクラゲになるためには水温や塩分の刺激などの、環境変化が必要です（→ **Q49**）。日本では四季によって水温などの水質が変わるので、さまざまな種類のクラゲを見ることができ、約 600 種ものクラゲがいることがわかっています。ただ、同じ種類のクラゲが同じ場所でずっとみられるわけではありません。例えば、同じ春でも北海道と九州では水温がちがうので、みられるクラゲの種類はちがいます。北海道と九州のどちらにもみられるクラゲでも、出現する時期は少しずつちがいます。その他にも、地形やエサとなる動物プランクトンの量など、いろいろな要因が重なってみられるクラゲが決まります。

どんなクラゲがみられるか、そして野生でどのように生きているかを調べるには、フィールドに出なくてはなりません。調べるときは決まった調査ポイントに何度も何度も訪れて、いつ・どのようなクラゲがみられるのかや、水質などの他の要因について、データを継続的に集めます。「とても地味な作業だな」と思うかもしれませんが、クラゲ展示の根底にはこの作業の積み重ねがあります。これによって、加茂水族館のまわりの海には 85 種類以上ものクラゲがいることがわかっています。クラゲの生態（出現動態）を知ることは、たくさんのクラゲを展示できるヒケツの１つなのです。

▲加茂水族館のまわりの海では、たくさんのクラゲを見ることができ、その出現記録も館内に展示しています。

もっと知りたい

海外でのクラゲ採集

加茂水族館　池田周平

現地のクラゲ採集はとっても大事

水族館においてクラゲを手に入れるには、野外から採集する、館内で繁殖する、他の水族館と交換する、ペットショップや漁師さんから買うなど、さまざまな方法があります。

水族館ですべてのクラゲが繁殖できているわけではないため、野外からの採集はとても重要です。クラゲを現地で採集することで、そのクラゲが生きている季節や場所などのくわしい情報がわかります。それは、買ったりして手に入れるとわからない、クラゲを適切な条件で飼育するための貴重な情報となります。

特に海外のクラゲは情報が少なく、飼育が難しい種類も多いです。そのため、加茂水族館では日本だけでなく海外にもクラゲの採集に行っています。これまで、当館はパラオ、フィリピン、タイ、フランスなどの多くの国々に採集に行ってきました。そのときに採集したクラゲたちは繁殖に成功し、現在も当館でポリプからクラゲを遊離させて展示できています。また、しっかりと現地の水温や塩分などの情報も記録して、飼育・繁殖に役立てています。

国によっては、クラゲを採集するのに特別な許可をとらなければならないこともあります。そのときは、大学や研究施設などと協力して許可をとってから採集します。みなさんにクラゲの魅力、おもしろさを伝えるために、加茂水族館では、これからもさまざまな方法で世界各国からクラゲを集め、展示や研究をおこなっていきます。

▲タイでクラゲをとっているところ。

▲フィリピンでクラゲをとっているところ。

ミノクラゲ

加茂水族館では2018年8月にタイで採集し、野生の個体を持ち帰ることに成功しました。タイ・フィリピンで採集され、食用としておもに中国などに輸出される水産重要種です。傘にたくさんの毛のような突起が現れ、ミノをまとったような姿が特徴です。

ヒョウガライトヒキクラゲ

2013年に約100年ぶりに再発見されてはじめて繁殖に成功し、2017年6月1日に北里アクアリウムラボと新江ノ島水族館と加茂水族館で世界初の展示をおこないました。飼育下ではヒョウ柄のもようは出にくいため、出せるようにがんばります。

水槽そうじにはどんな道具を使うの？

飼育員さんからの回答

飼育員が自分で作って使うことが多いです。

飼育員が使う水槽そうじ道具には、さまざまなものがあります。もともと水槽そうじ用として売っているものではなく、さまざまなそうじ道具を組み合わせて、飼育員が自分で作ったものを使っていることが多いです。他にも、細かい部分のそうじに歯ブラシや歯間ブラシなどを使うこともあります。

▲そうじをしているところ。そうじはすごくたいへんですが、生きものが元気にすごすためにはとても大切な作業です。

もっと知りたい

水槽そうじ道具の工夫

加茂水族館　佐藤智佳

まずは手袋が大事

クラゲの水槽をそうじするときに大切なことは、クラゲにさされないようにすることです。二の腕までをおおう長い手袋をして、クラゲが直接肌にふれないようにします。ゴム手袋でも大丈夫ですが、加茂水族館では繊細な動きができるように、牛の獣医さんなどがよく使う、直腸検査用手袋を使用しています。

いろいろ工夫しています

そして、ようやく水槽そうじです。小さな水槽であれば底まで手が届くので、スポンジを手に持ってそうじすることができます。では、手の届かない大きな水槽はどうするのかというと、ちょうどいい長さに切った塩ビパイプにスポンジを取りつけ、底までそうじできるようにします。水槽の広い面はスポンジだけでもよごれが落ちますが、カドの部分は工夫が必要です。塩ビパイプに歯ブラシを取りつけてみたり、わりばしの先を平たくしたものを取りつけてみたり……。専用のそうじ道具が売っているわけではないので、飼育員が自分で作ることも多々あります。

さて、当館の水槽「クラゲドリームシアター」の水深は、約5メートルあります。そんな大きな水槽のそうじも、棒の先にモップやスポンジを取りつけた道具を使います。しかし、ここで重要なのは「棒」の方です。塩ビパイプは長いとたわんで、力が伝わりにくくなってしまい、うまくそうじできません。どこかに都合のいい棒はないか探したところ、漁業用の FRP 竿に行きつきました。これはサザエやアワビなどをとるときに使う竿で、長くてもたわみが少なく、力を入れてそうじすることができます。こんな風に、飼育員は生活の中でも「この道具が使えるかもしれない！」と目を光らせているのです。

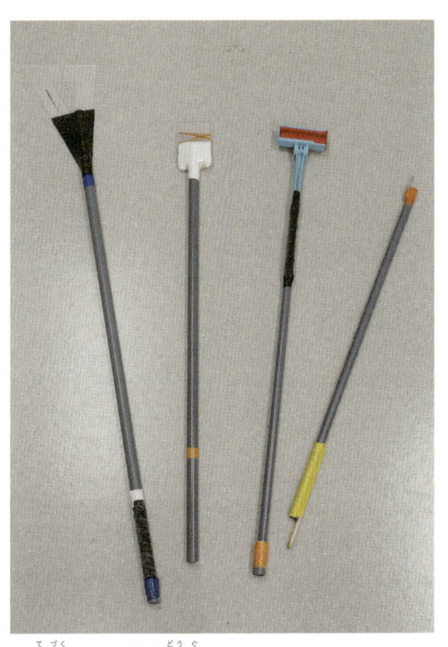

▲手作りのそうじ道具。

▲「クラゲドリームシアター」用のそうじ道具。

◀▲「クラゲドリームシアター」のような大きな水槽では、棒の先にモップやスポンジを取りつけてそうじします。

87

クラゲ水槽の水換えはどうやるの？

飼育員さんからの回答

装置を使ったり、
スポイトを使ったりします。

大きな水槽ではろ過装置で水をきれいにしますが、小さな水槽では基本的にスポイトなどでクラゲを1匹ずつ取り出し、水を全部取りかえてから、ふたたびクラゲをもどします。

①

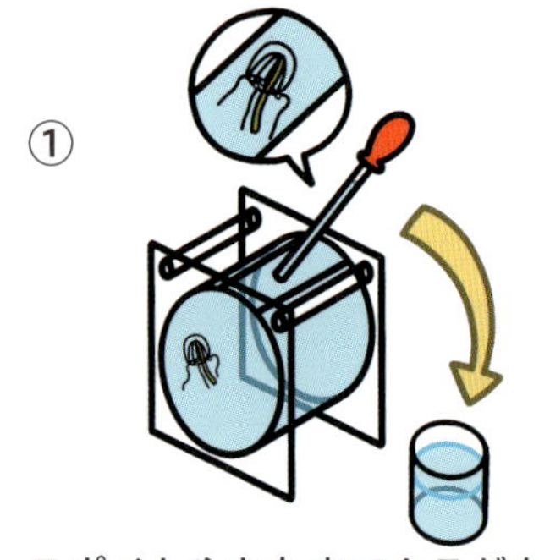

スポイトやおたまでクラゲを水槽から取り出し、別の容器に移します。

②

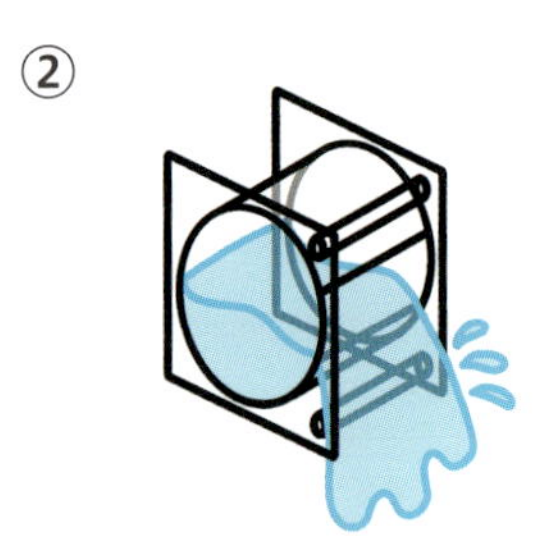

クラゲの取り残しがないか確認し、水槽の水を捨てます。

③

スポンジや歯間ブラシで水槽をよく洗い、水道水で洗い流します。

④

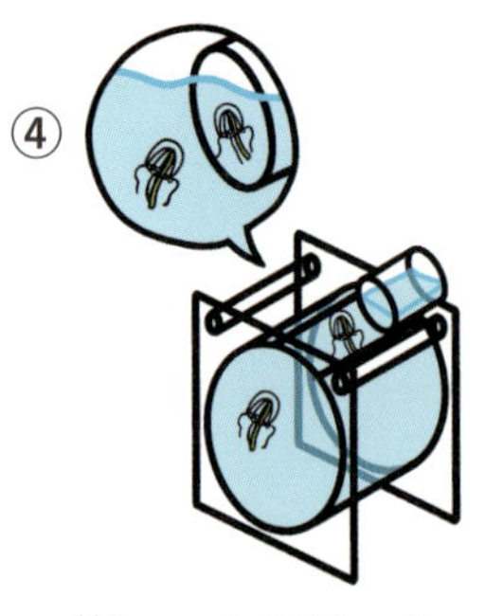

新しい飼育水を入れて気泡が抜けるのを待ってから、クラゲを優しくもどします。

クラゲのエサのアルテミアはどうやってふ化させるの？

飼育員さんからの回答

温かい海水に入れます。

クラゲにエサとしてあたえているアルテミアは、乾燥に強い「耐久卵」という状態で、ペットショップなどで売られています。水温約28℃の海水が入った容器に卵を入れておくと、24時間ほどでふ化します（安くてすぐに手に入り、使いやすいので、プラスチックの果実酒のビンを使っています）。ふ化したアルテミアの幼生を海水から取り出し、クラゲたちにあたえています。

①

温かい海水を果実酒のビンに入れ、計量スプーンで量ったアルテミアの卵を入れます。

②

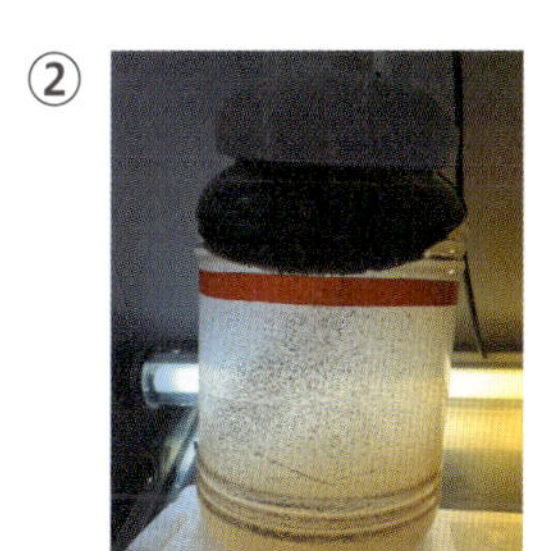

約28℃に温めた海水を入れた水槽に移し、空気を使ってかきまぜます。茶色に見えるのはすべてアルテミアの卵です。

③

約24時間後、空気をとめると殻だけになった卵が水に浮きます。アルテミアは走光性があるため、光を当てて集めると殻とアルテミアをきれいに分けることができます。その後、アルテミアだけを取り出してクラゲたちにあたえます。

クラゲのエサの量はどうやって決めるの？

飼育員さんからの回答

いろんなことを考えながら決めています。

クラゲにエサをあたえても、魚みたいにすぐには食べにいきません。たまたま体に当たったエサを少しずつ食べていきます。そのため、クラゲがどれくらいの量のエサを食べたかは、エサをあたえて数時間後に観察して判断します。

飼育員は、エサがどれくらいクラゲの胃に入っているか、水槽内にエサがどれくらいあまるか、全個体がエサを食べているかなど、さまざまな点に注意してエサの量が適切かどうかを決めています。クラゲの成長や数によってエサの量が日々変化するので、毎回注意深く観察します。

また、クラゲはエサを食べると胃の中がエサの色に変わります。体が透明なので、一目でわかります。

エサを食べると、
胃の中がエサの色に変わります。

クラゲの卵はどうやってとるの？

飼育員さんからの回答

ミズクラゲでは
スポイトを使います。

成熟したメスのミズクラゲでは、体の裏の保育嚢から、スポイトで卵やプラヌラを直接とれます。また、明暗の刺激で放精・放卵がはじまる種類ではクラゲをバケツに入れて一晩おいて次の朝に採卵したり、他にも水槽から直接採卵したりすることもあります。

保育嚢

卵やプラヌラをかかえる器官

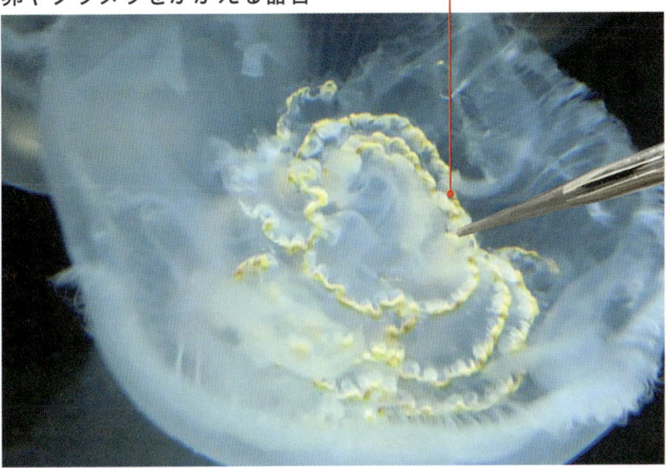

▲スポイトで直接卵をとった後は、シャーレで静置します。条件がよければ数日後にポリプになります（受精卵であれば、シャーレで静置するとポリプになることが多いです）。プラヌラがとれても、条件が合わないとポリプにはなりません。一筋縄ではいきませんね。

91

ポリプはどうやって管理するの？

飼育員さんからの回答

果実酒のビンに入れて管理しています。

プラヌラからポリプになった後は、果実酒のビンに入れて管理しています。温度、塩分、エサの量、水換えをする頻度などを調節して育てています。なかには10年以上維持しているポリプもあります。

▲シャーレでプラヌラからポリプになるのを待った後、ポリプが入ったシャーレごと果実酒のビンに入れ、飼育水と空気を入れて維持します。種類ごとに温度、塩分、エサの量、水換えの頻度などを調節しています。このポリプを上手に維持できないとクラゲを育てることができないので、とても大事です。

92

ポリプの温度はどうやって管理するの？

飼育員さんからの回答

種類によってちがいます。

ポリプの飼育温度は、種類によってちがいます。加茂水族館では、発泡スチロールに水をはり、それぞれのポリプに最適な温度に保っています。

エアー管
容器に空気を送りこみます。

ポリプ飼育容器
それぞれの容器に１種類ずつ分けて管理しています。

発泡スチロール
保温性が高いです。中に水槽用のヒーターやクーラーをつけて、温度を保ちます。

93

ポリプの水換えはどうやってするの？

飼育員さんからの回答

水の温度を合わせてすべて取りかえます。

ポリプの水換えは、温度を合わせた飼育水を作って、容器の水をすべて取りかえます。他のポリプがまざるのを防ぐため、使ったタオルやスポイトなどは種類ごとに毎回交換します。ポリプは別の容器に移し、飼育水をすべて取りかえてもどします。そのときに、赤ちゃんクラゲがいたら同時に取り出します。

ポリプの水換え作業場

ライト
観察しやすくなります。

スポイト
種類ごとに１本ずつ使います。

海水
新鮮な海水をフィルターでろ過して使います。

タオル
作業場をふいたり、スポイトなどを置いたりします。種類ごとに新しいものに交換します。

シンク
古い飼育水を捨てたり、道具を洗ったりします。

もっと知りたい

クラゲ飼育はミズクラゲにはじまりミズクラゲに終わるのだ

加茂水族館 館長　奥泉和也

ミズクラゲがクラゲ飼育のはじまり

クラゲを展示している水族館でみられるクラゲは、ほぼまちがいなくミズクラゲでしょう。水槽でゆらゆら泳ぐ姿は、見ているだけでいやされることまちがいなしです。では、どうして多くの水族館でミズクラゲを展示しているのでしょうか。それは繁殖のしくみが古くからよく知られていて、クラゲの維持が比較的簡単にできる種類だからです。

1962年に、東北帝国大学理学部附属浅虫臨海実験所で助手をしていた柿沼好子先生が「エダアシクラゲとミズクラゲの分化の要因について」を発表しました。これにより、水温が下がるとミズクラゲのポリプがクラゲをつくることが知られたのです。水族館にとってはすごい発見でした。実は、当時は体がやわらかいクラゲの展示はとても難しく、海から採集してきて短期間しか展示できなかったのです。柿沼先生の指導により、ミズクラゲを繁殖させて展示をはじめたのが上野動物園水族館と江の島水族館でした。それから、世界中の水族館がミズクラゲの展示をはじめることができるようになりました。これが水族館におけるクラゲ飼育のはじまりだといってもよいでしょうね。

日本各地でふつうにみられ、ときに発電所をひやす機械をつまらせるほど大量発生するミズクラゲですが、繁殖個体を野生のようにきれいに育てるのは本当に難しいのです。うまく飼育できていたのにいきなり丸くなったり、そっくり返ったり、口腕が長くのびたり、わけもわからずとけたり、全滅したり。はたして、ミズクラゲの飼育に終わりがあるのでしょうか。水族館できれいなクラゲが泳いでいたら、飼育員さんの血と汗と涙の結晶だと思って見てくださいね。館長からのお願いです。

94

クラゲを水槽にたくさん入れても平気なの？

飼育員さんからの回答

平気なものと、そうでないものがいます。

たくさん入れると触手がからまってしまう種類もいれば、特に問題ない種類もいます（もちろん数の限界はあります）。種類や水槽の大きさなどのさまざまな要因によって、どれくらいの数を飼育できるか見きわめています。加茂水族館のミズクラゲは、水深約5メートルの水槽に1万匹以上入っていますが、エサの量の調節や水質の維持により飼育できています。

95

水槽に浮いているつぶつぶはなに？

飼育員さんからの回答

エサか、卵です。

クラゲの水槽につぶつぶがたくさん浮いていたら、それは「エサの動物プランクトン」か「クラゲの卵」です。エサの場合は、ずーっと見ているとクラゲがエサを食べて、胃の中がエサの色に変わっていきます。卵は丸い形のままただよっています。

オキクラゲ

水中に丸い卵が浮いていることがあります。鉢虫綱のクラゲのなかまではめずらしく、ポリプ世代がありません。プラヌラから直接クラゲに変態します。

もっと知りたい

オキクラゲの繁殖

加茂水族館　佐藤智佳

ひやひやしながら命をつなげています

オキクラゲは鉢虫綱のクラゲではめずらしく、ポリプ世代がないクラゲです。

ポリプ世代があるクラゲは、親のクラゲがいなくなっても、ポリプがあれば赤ちゃんクラゲを誕生させることができます。一方、ポリプ世代がないクラゲでは、受精卵が直接赤ちゃんクラゲへ変態していくため、親のクラゲがいなくなってしまうと赤ちゃんクラゲは誕生できなくなってしまいます。ポリプ世代がないオキクラゲの繁殖を続けていくためには、親のクラゲをつねに維持していかなければなりません。

加茂水族館でのオキクラゲの累代繁殖（生きものを何世代にもわたって繁殖すること）は、受精卵をとることからはじまります。25℃で飼育している場合、電気をつけた約４時間後に放精・放卵します。卵は粘液にからまって水中をただよいますが、時間が経つと１つ１つバラバラになっていきます。

水槽にただよっている受精卵をとったら、容器に入れて25℃で管理します。４日もするとプラヌラを経てエフィラへと変態します。ここまできたら、エサをあたえてどんどん大きく育てていきます。そして成長したクラゲは放精・放卵し、また受精卵をとることができます。

文字にすると簡単そうにみえますが、これがかなりたいへんで、加茂水族館でも何度も繁殖がとだえそうになりました。生き残った２匹のクラゲがたまたまオスとメスで、そこから奇跡的に受精卵を得ることができ、ぎりぎりで次につなげたときもありました。飼育員は、毎日オキクラゲの水槽の前で受精卵がとれることを願っているのでした。

オキクラゲの一生

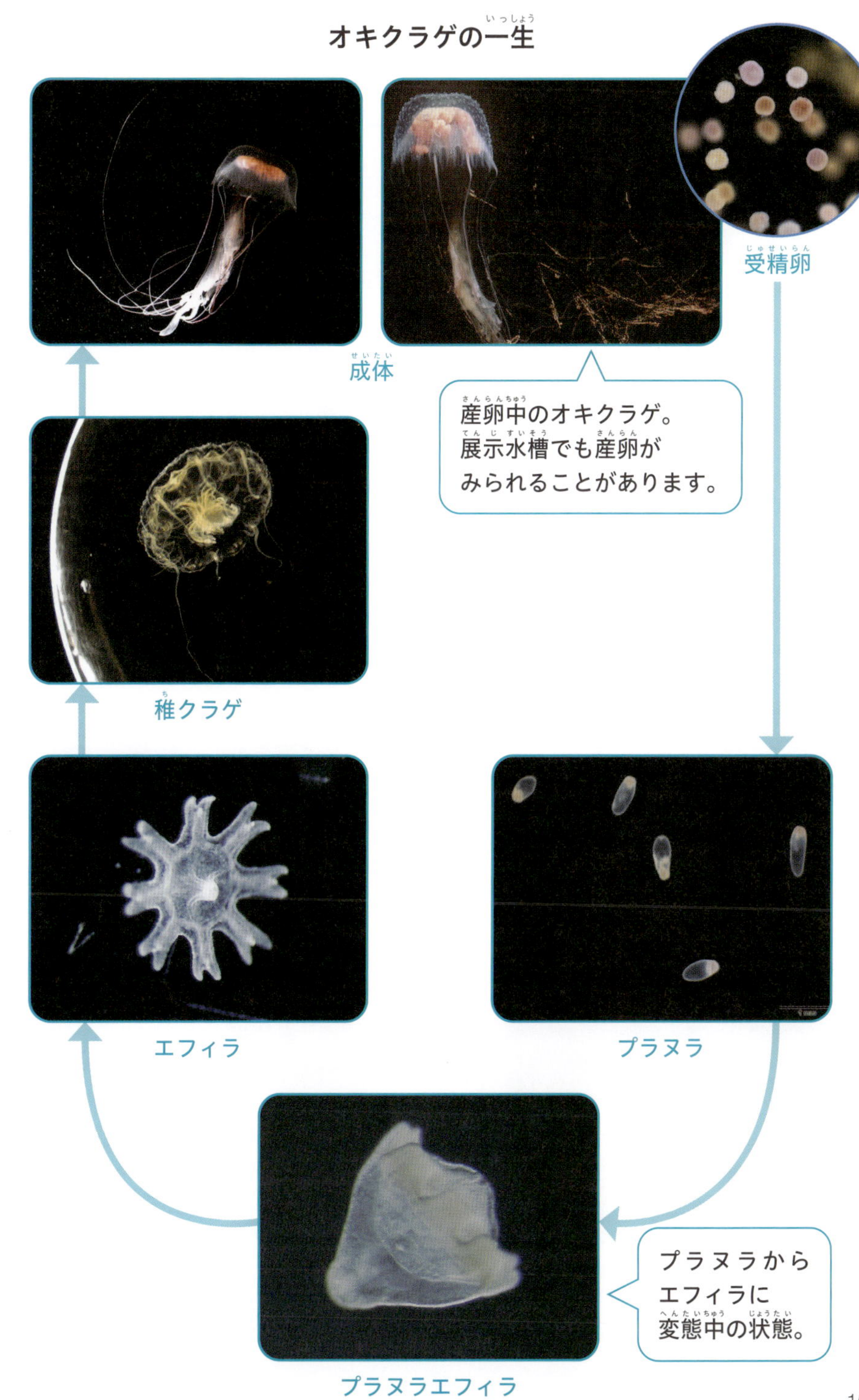

成体
受精卵
産卵中のオキクラゲ。
展示水槽でも産卵が
みられることがあります。
稚クラゲ
エフィラ
プラヌラ
プラヌラから
エフィラに
変態中の状態。
プラヌラエフィラ

もっと知りたい

クラゲの飼育

加茂水族館　村井貴史

とびきり簡単なクラゲの飼育

水族館でクラゲの担当をしていると、お客様から「クラゲって、家で飼えますか?」とよく聞かれます。クラゲは体のやわらかい浮遊生物なので、ふつうの魚の水槽と同じ水槽では飼えません。水族館ではクラゲが飼えるように工夫された特別な水槽を使って展示していて、家で水族館と同じようにクラゲを飼うのはとてもたいへんです。設備だけでなく、テクニックも、手間も、お金もかかります。でも、家でできる方法がないわけではありません。ここではとびきり簡単な方法を1つだけご紹介します。

準備するものは①透明なコップを2つ、②きれいな海水をたっぷり、③できるだけ深いスプーン。とりあえずこれだけです！　1つのコップに海水とクラゲを入れて、もう1つのコップに同じくらいの量の海水だけを入れて、いっしょに置いておきます。そして、数日に一度クラゲをスプーンですくってクラゲを入れていなかったコップに移しかえ、クラゲが入っていたコップの海水を捨ててまた新しい海水を入れておき、これをくり返します。この作業で海水を入れかえ、よごれてしまうのを防ぐのです。

エサをあたえる場合は、アルテミアを少量海水に入れます。エサをあたえると水がすぐによごれるので、しょっちゅう水換えをしなければいけません。また、観賞魚用のエアーポンプとガラス管などを使って、海水に少しだけ空気を送ってあげると、ゆるやかな流れができてよりよいでしょう。

この方法で飼えるのは、小さくて丈夫なクラゲに限られます。水温が室温と同じくらいになるので、冷たい海水や温かい海水が好きな種類も飼いにくいです。でも、海で採集した小さなクラゲをしばらく観察するにはいい方法です。うまくいけば、産卵や赤ちゃんクラゲが増えるようすを見ることができるかもしれません。

96

飼育が難しいクラゲはいるの？

飼育員さんからの回答

どのクラゲの飼育もとても難しいです……。

特に難しいのは、エサの調達が難しいクラゲや、さまざまなエサをあたえてもほとんどなにも食べないクラゲです。例えば、ムラサキクラゲのエフィラは、エサを食べてもなかなか育ちません。オビクラゲは、採集して飼育しても数週間しかもちません。他にも飼育が難しいクラゲがたくさんいますが、いつか飼育できるように日々がんばっています。

97

飼育員の１日はどうなっているの？

飼育員さんからの回答

ほとんど生きもののお世話をしています。

飼育員にはさまざまな仕事がありますが、つねに飼育している生きものが健康でいられるよう、水槽のそうじやエサやりなどをおこなうことが多いです。また、加茂水族館のクラゲ担当飼育員は１日に数回「クラゲのおはなし」もおこなっています。

ムラサキクラゲ

名前(なまえ)のとおり、紫色(むらさきいろ)をしたきれいなクラゲです。ポリプから出(で)たエフィラはエサを食(た)べてもなかなか大(おお)きくならず、育(そだ)てるのに苦労(くろう)しています。加茂水族館(かもすいぞくかん)ではいつかこのきれいなクラゲを展示(てんじ)できるようにがんばっています。

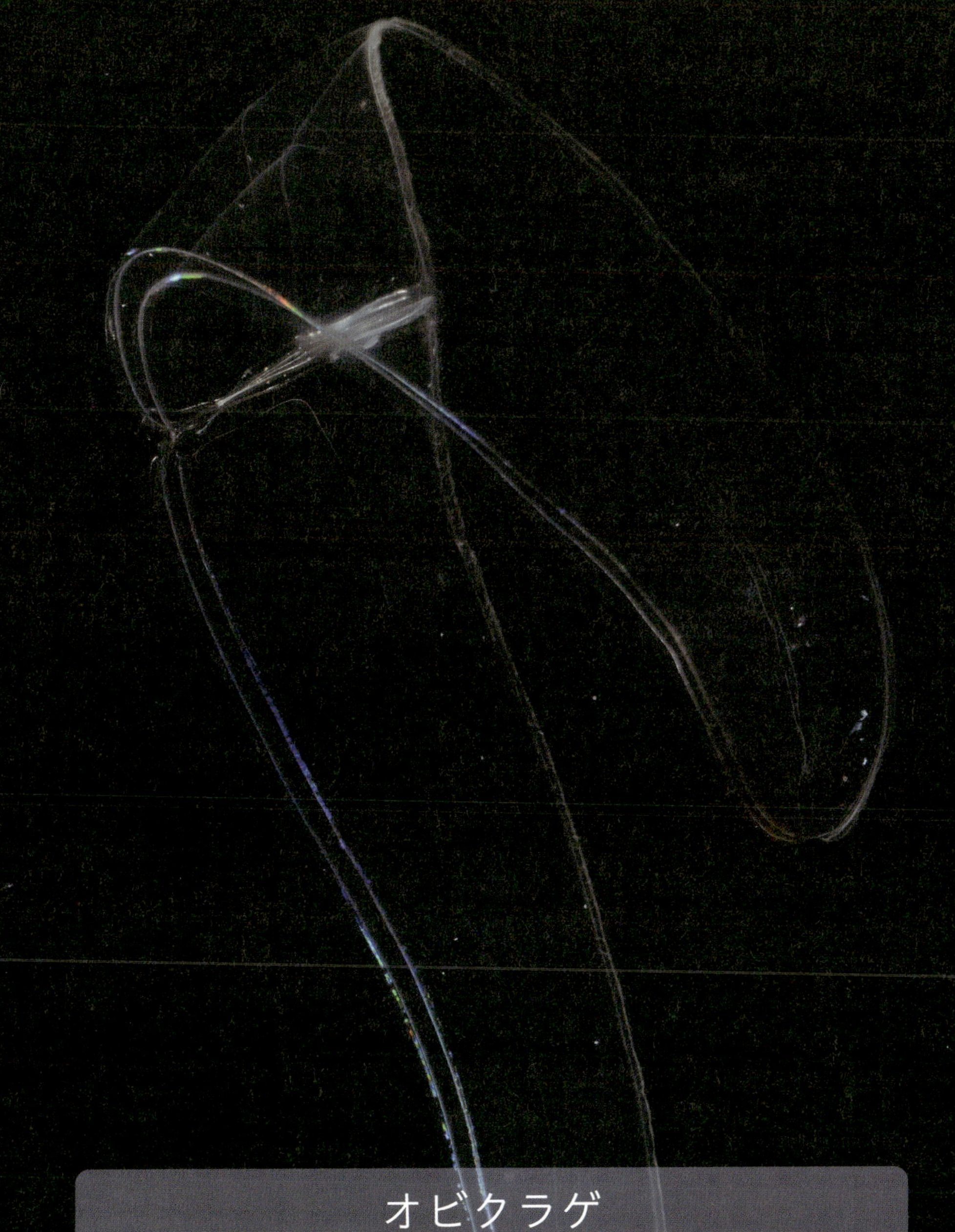

オビクラゲ

英名では「Venus girdle（ヴィーナスのかざり帯）」といわれるほどの美しいクラゲです。飼育がとても難しく、数週間以内に死んでしまうことがほとんどです。エサもなかなか食べないため、いつか長期飼育できるよう、挑戦していきます。

もっと知りたい

飼育員の1日のスケジュール

加茂水族館　玉田亮太

飼育員の仕事はさまざまですが、そのほとんどが生きもののお世話です。では私たちクラゲ担当の飼育員は、1日の中でどのような仕事をしているのでしょうか? 私たちはクラゲの展示をしているので、水槽のそうじ、水換え、エサやりの作業が大半です。

そうじ・水換え

展示水槽と予備水槽のコケやヌメりなどのよごれをスポンジなどでこすってきれいにしたり、エサの食べ残しや排泄したもの、ちぎれたクラゲの触手などを取りのぞいたりします（→ **Q86**）。また、ポリプや展示デビュー前のクラゲ水槽のそうじと水換えもおこないます（→ **Q87、Q93**）。

エサやり

クラゲを食べるクラゲや、アルテミアを食べるクラゲにエサをあたえます（→ **Q59、Q60、Q88**）。

他にも、クラゲの生態についてレクチャーする「クラゲのおはなし」というイベントを1日に数回おこなったり、時間があれば海にクラゲ採集や調査に行ったりもします。ですが、基本的にはクラゲにとってすみやすい環境を準備することに時間を割いています。飼育員たちは生きもののお世話をすることで、野生に近い健康な姿を展示して、お客様に生きものの魅力や生きざま、その生きものが生活する環境について伝えることに努めています。

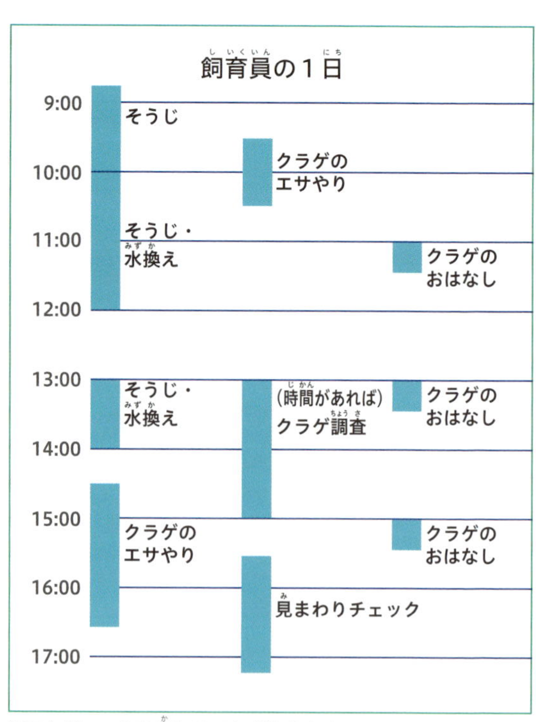

※スケジュールは変わることがあります。

どうすれば飼育員になれるの？

飼育員さんからの回答

求人情報が出たときに応募することが多いです。

飼育員になる方法は、基本的には水族館から求人情報が出たときに応募することがほとんどです。また、水生生物の専門的な知識が求められるため、水産系の大学や専門学校などで学んできた飼育員が多いです。

人が足りなくなったときに募集することが多く、募集する人数も少ないため、応募倍率が高い（応募する人がたくさんいるのに、飼育員になれる人は少ない）水族館がほとんどです。

チャンスをのがさないよう、水族館のホームページやSNSなどを見て、つねにアンテナをはっておくことも大事です。

大学や専門学校に求人情報がきたり、ハローワークに求人情報がのることもあります。

飼育員になるために必要な資格はあるの？

飼育員さんからの回答

水族館によってちがいます。

必要な資格や免許は、水族館によってちがいます。水族館によっては絶対に必要な資格もあれば、もっていれば採用試験に有利になる資格もあります。

こんな資格や免許は求められることが多いです。

ダイビングライセンスや
潜水士資格

学芸員資格

運転免許（普通自動車）

小型船舶操縦士免許

100

加茂水族館はなんでクラゲをたくさん展示しているの？

飼育員さんからの回答

お客様がよろこんでくれたからです。

倒産の危機にあった1997年の春、サンゴ水槽にぐうぜん現れたサカサクラゲを展示したところ、お客様がとてもよろこんでくれました。そこからだんだんクラゲが増え、2024年現在では展示している種類が約80種類になりました。

また、2026年に加茂水族館はリニューアルし、クラゲ100種類の展示をめざします。

これからもみなさんにクラゲの楽しさを伝えられるように、せいいっぱいがんばります！

もっと知りたい

クラゲ研究所のリニューアル クラゲ100種の展示をめざして

加茂水族館 館長　奥泉和也

はじまりはサカサクラゲ

1997年、水槽にサカサクラゲがぐうぜん発生し、加茂水族館のクラゲの展示がはじまりました。お客様のよろこぶ姿が見たくて（実は飼育員が「沼」にハマったのもあります）、クラゲの展示を充実させていきました。ですが、採集だけでクラゲをいつでも展示するには限界があり、親のクラゲから卵をとって繁殖させる必要があります。古く、せまく、おまけにびんぼうな加茂水族館です。ろう下にビーカーや水槽を置き、細々と、それでも数種類のクラゲを繁殖し、展示していきました。

2000年、12種類以上のクラゲを展示して日本一になったときに、宿直室をリフォームして、はじめて研究所（繁殖室）を作りました。これ以上のクラゲを展示するためには、繁殖や育成の研究が絶対に必要だからです。これが大正解で、それから展示できる種類がどんどん増えていきました。

2005年、20種類以上のクラゲを展示して世界一になったときは、アカゲザルを飼育していたスペースに別の研究所を建てました。今度はクラゲの研究と繁殖ができる研究室にくわえ、40人くらい対応できる学習室も作りました。この研究室のおかげで、40種類の展示ができるようになりました。

加茂水族館のこれから

2014年、水族館を新しくして移転し、館内にレクチャールームと小さな標本庫のある研究所を作りました。2024年にはつねに80種類をこえる展示ができるようになっています。

2024年現在、リニューアル10年をむかえ、研究所がせまくなり、これ以上仕事ができない状況となりました。そのため、2026年オープンをめざして新鶴岡クラゲ研究所（Tsuruoka Jellyfish Research Institute：T-JERI）の新築工事をしています。新研究所では、100種類のクラゲ展示をめざします。でも、すぐにまたせまくなるだろうなぁ。

▼工事のようす。2026年オープンの予定です。

おわりに

加茂水族館がリニューアルして6年間は、私たちの想像をこえる数のお客様がお越しになりました。繁忙期には駐車場に入るために長蛇の列を作って渋滞が起き、水族館に入っても人であふれかえる状態でした。そして起こった、新型コロナウイルス感染症（COVID-19）のパンデミック。今までふつうだった生活は消え失せ、人の動きもなくなってしまいました。加茂水族館の入館者は半分になり、とうとうひと月あまりも休館しなければいけなくなり、「これからどうなるのだろう」と先のみえない不安に押しつぶされそうになりました。

しかし、めげてばかりもいられません。お客様が来館できなくても加茂水族館を身近に感じてもらえるように、平常時であればとても思いつかないようなことも試行錯誤しながら重ねてきました。土曜日から日曜日にかけてクラゲの生配信をおこなう「オールナイトカモスイ」、飼育員がほしい商品を作る「飼育員の暴走シリーズ」などなど。

「クラゲ100の質問」もその中から生まれたものです。飼育員が加茂水族館で日ごろから経験したこと、疑問に思うことを毎日発信しました。「クラゲ100の質問」は、加茂水族館にとっての、いわば究極の新型コロナ対策だったのかもしれません。我々を鼓舞し、つねに発信する大切さを教えてくれたのです。このことを未来につなぐために、そしてこの本が手に取ってくれた方に寄り添うものとなるように祈念し、結びの言葉とします。2024年暑い夏に。

加茂水族館 館長　奥泉和也

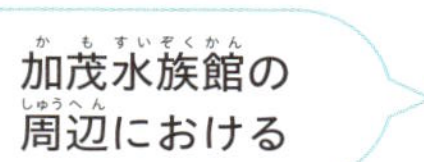

【調査期間】1997年6月～2024年3月まで
★：1～9個体　★★：10～99個体　★★★：100個体以上
※目視および採集による数であるため、定量調査ではありません。

門	綱	目	科	和名	学名	1月	2月	3月	4月	5月	6月	7月	8月	9月	10月	11月	12月
刺胞動物門	十文字クラゲ綱	十文字クラゲ目	ジュウモンジクラゲ科	ジュウモンジクラゲ	*Calvadosia nagatensis*					★	★★	★					
				ササキクラゲ	*Calvadosia cruciformis*						★★	★					
			アサガオクラゲ科	ムシクラゲ	*Haliclystus inabai*				★	★		★					
	鉢虫綱	旗口クラゲ目	ユウレイクラゲ科	ユウレイクラゲ	*Cyanea nozakii*								★			★	
			オキクラゲ科	アカクラゲ	*Chrysaora pacifica*				★★	★★	★★★	★					
				オキクラゲ	*Pelagia noctiluca*					★★	★★	★					
				アマクサクラゲ	*Sanderia malayensis*						★	★	★				
			ミズクラゲ科	ミズクラゲ	*Aurelia coerulea*				★	★	★★★	★★★	★★★	★★★	★★		
		冠クラゲ目	ムツアシカムリクラゲ科	ヒメムツアシカムリクラゲ	*Atorella vanhoeffeni*									★	★		
		根口クラゲ目	ビゼンクラゲ科	ビゼンクラゲ	*Rhopilema esculentum*						★★	★★	★★	★★★	★★	★★	
				エチゼンクラゲ	*Nemopilema nomurai*	★								★★★	★★★	★★★	★★★
	箱虫綱	アンドンクラゲ目	アンドンクラゲ科	アンドンクラゲ	*Carybdea brevipedalia*							★★★	★★★	★★	★		
	ヒドロ虫綱	花クラゲ目	オオウミヒドラ科	カタアシクラゲモドキ	*Euphysa aurata*	★		★	★★	★★★	★						
				カタアシクラゲ属の一種	*Corymorpha* sp.					★							
				コモチカタアシクラゲ	*Corymorpha gemmifera*							★					
				ゴトウカタアシクラゲ	*Corymorpha typica*	★				★				★			
			ハシゴクラゲ科	ハシゴクラゲ	*Climacocodon ikarii*	★★★	★★★	★★★	★★								★
			クダウミヒドラ科	ヒトツアシクラゲ	*Hybocodon prolifer*						★★★	★					
				ソトエリクラゲ属の一種	*Ectopleura* sp.											★★★	
			タマウミヒドラ科	サルシアウミヒドラ属の一種	*Sarsia* sp.			★									
				サルシアクラゲ	*Sarsia tubulosa*		★	★★	★★	★							
				ヤマトサルシアクラゲ	*Stauridiosarsia nipponica*							★★		★★★	★		
			オオタマウミヒドラ科	オオタマウミヒドラ	*Hydrocoryne miurensis*			★	★★★	★★★	★★						

門	綱	目	科	和名	学名	1月	2月	3月	4月	5月	6月	7月	8月	9月	10月	11月	12月
刺胞動物門	ヒドロ虫綱	花クラゲ目	タマクラゲ科	タマクラゲ	*Cytaeis uchidae*			★				★★★	★★	★	★	★★	
			エダアシクラゲ科	エダアシクラゲ	*Cladonema pacificum*	★			★★	★★★	★★★	★★★	★★				
				ハイクラゲ属の一種	*Staurocladia* sp.						★	★					
			スズフリクラゲ科	スズフリクラゲ属の一種	*Zanclea* sp.							★		★		★	
			ジュズノテウミヒドラ科	ジュズノテウミヒドラ	*Asyncoryne ryniensis*							★					
			ベニクラゲモドキ科	ベニクラゲ(北日本型)	*Turritopsis pacifica*						★★	★★					
				ニホンベニクラゲ	*Turritopsis* sp.						★★			★	★		
			エダクラゲ科	エダクラゲ	*Bougainvillia bitentaculata*					★		★				★	
				ドフラインクラゲ	*Nemopsis dofleini*	★	★	★★★	★★★	★★★	★★★						
			ウミヒドラ科	コツブクラゲ	*Podocorynoides minima*								★	★★			
				ハヤマコツブクラゲ	*Podocoryna hayamaensis*							★		★	★	★	
			コモリクラゲ科	コモリクラゲ	*Eucodonium brownei*						★★★	★					
			ウミエラヒドラ科	ハナヤギウミヒドラモドキクラゲ	*Thecocodium quadratum*									★			
			シミコクラゲ科	シミコクラゲ	*Rathkea octopunctata*		★★	★	★★	★★	★★					★★	★
			エボシクラゲ科	エボシクラゲ	*Leuckartiara octona*					★	★				★		
				エボシクラゲ属の一種	*Leuckartiara* sp.										★		
				ツリアイクラゲ	*Amphinema rugosum*								★	★			
				イオリクラゲ	*Neoturris* sp.				★★	★							
			ウラシマクラゲ科	ウラシマクラゲ	*Urashimea globosa*	★								★	★	★★	★★
			キタカミクラゲ科	カミクラゲ	*Spirocodon saltator*					★							
			ギンカクラゲ科	カツオノカンムリ	*Velella velella*									★	★		
				ギンカクラゲ	*Porpita porpita*									★★★	★★★		
			エダクダクラゲ科	エダクダクラゲ	*Proboscidactyla flavicirrata*		★	★			★		★			★	
				ミサキコモチエダクダクラゲ	*Proboscidactyla ornata*							★	★★	★★★	★★★	★★	
		軟クラゲ目	ウミサカズキガヤ科	ウミコップ属の一種	*Clytia* sp.				★	★★	★	★	★★	★	★★		
				フサウミコップ	*Clytia languida*					★	★★	★		★		★	

門	綱	目	科	和名	学名	1月	2月	3月	4月	5月	6月	7月	8月	9月	10月	11月	12月
刺胞動物門	ヒドロ虫綱	軟クラゲ目	ウミサカズキガヤ科	エダフトオベリア	*Obelia geniculata*						★						
				オベリア属の一種	*Obelia* sp.			★★	★	★★★	★★★	★		★★★	★★	★★★	
			コップガヤ科	ゴトウクラゲ	*Staurodiscus gotoi*								★				
			ヤワラクラゲ科	マツカサクラゲ	*Ptychogena lactea*						★★						
				ヤワラクラゲ	*Laodicea undulata*						★	★					
				ハッポウヤワラクラゲ	*Melicertissa orientalis*									★			
			マツバクラゲ科	コノハクラゲ	*Eutima japonica*							★★					
				シロクラゲ	*Eutonina indicans*				★★★	★★★	★						
			オワンクラゲ科	オワンクラゲ	*Aequorea coerulescens*			★	★★	★★★	★★★						
				ヒトモシクラゲ	*Aequorea macrodactyla*								★★	★	★		
			ヒトエクラゲ科	ヒトエクラゲ	*Phialella fragilis*						★★	★					
			キタヒラクラゲ科	キタヒラクラゲ属の一種	*Dipleurosoma* sp.				★★	★★	★	★★					
			ハナクラゲモドキ科	ハナクラゲモドキ	*Melicertum octocostatum*				★★	★	★						
			スギウラヤクチクラゲ科	スギウラヤクチクラゲ	*Sugiura chengshanense*					★	★★						
			クロメクラゲ科	カミクロメクラゲ	*Tiaropsis multicirrata*		★★	★★★	★★★	★							
		淡水クラゲ目	ハナガサクラゲ科	マミズクラゲ	*Craspedacusta sowerbii*									★★★	★★★	★★	
				カギノテクラゲ	*Gonionemus vertens*				★★	★★★	★★★	★★★	★★				
				ハナガサクラゲ	*Olindias formosus*				★		★★	★★★	★★★	★★			
				コモチカギノテクラゲ	*Scolionema suvaense*						★★	★	★★				
			オオカラカサクラゲ科	カラカサクラゲ	*Liriope tetraphylla*						★	★★★	★★	★★★	★★★	★★★	
		硬クラゲ目	イチメガサクラゲ科	イチメガサクラゲ	*Rhopalonema velatum*								★	★			
				ツリガネクラゲ	*Aglantha digitale*	★	★★★	★★	★★★	★★	★			★★			
				ヒメツリガネクラゲ	*Aglaura hemistoma*			★	★	★★	★★★		★	★	★★	★	
				フタナリクラゲ	*Amphogona apsteini*						★			★	★		
			ボウシクラゲ科	ボウシクラゲ	*Petasus atavus*									★			
		剛クラゲ目	ツヅミクラゲ科	ヤジロベエクラゲ	*Solmundella bitentaculata*						★★			★	★	★★★	

門	綱	目	科	和名	学名	1月	2月	3月	4月	5月	6月	7月	8月	9月	10月	11月	12月
刺胞動物門	ヒドロ虫綱	剛クラゲ目	ニチリンクラゲ科	ニチリンクラゲ	*Solmaris rhodoloma*					★	★★		★★	★	★★★	★★★	
		管クラゲ目	フタツクラゲ科	ヒトツクラゲ	*Muggiaea atlantica*						★	★		★★★	★		★
				タマゴフタツクラゲモドキ	*Diphyes chamissonis*									★★	★★		
				フタツクラゲ	*Chelophyes appendiculata*									★	★	★	
				フタツクラゲモドキ	*Diphyes dispar*									★★	★★★		
			ケムシクラゲ科	ケムシクラゲ属の一種	*Apolemia* sp.				★		★	★★	★★				
			ヨウラククラゲ科	シダレザクラクラゲ	*Nanomia bijuga*									★			
				ノキシノブクラゲ	*Athorybia rosacea*						★	★		★			
			ハコクラゲ科	トウロウクラゲ	*Bassia bassensis*									★★	★		
				ハコクラゲモドキ	*Abylopsis tetragona*		★										
			アイオイクラゲ科	アイオイクラゲ属の一種	*Rosacea* sp.									★			
			フウリンクラゲ科	フウリンクラゲ	*Sphaeronectes koellikeri*									★			
有櫛動物門	有触手綱	オビクラゲ目	オビクラゲ科	オビクラゲ	*Cestum veneris*		★			★		★	★★	★★		★	
		フウセンクラゲ目	テマリクラゲ科	フウセンクラゲ	*Hormiphora palmata*	★★	★	★★	★★	★★	★★★	★★	★	★★	★★★	★★★	★
			ヘンゲクラゲ科	ヘンゲクラゲ	*Lampea pancerina*						★★	★					
			フウセンクラゲモドキ科	フウセンクラゲモドキ	*Haeckelia rubra*									★			
		カブトクラゲ目	カブトクラゲ科	カブトクラゲ	*Bolinopsis mikado*					★	★★	★	★★★	★★★	★★★	★★	
				アカホシカブトクラゲ	*Bolinopsis rubripunctata*							★	★	★			
				キタカブトクラゲ	*Bolinopsis infundibulum*			★	★★★	★★★	★★						
			ツノクラゲ科	ツノクラゲ	*Leucothea japonica*		★			★	★★	★★	★★	★★	★★		
			チョウクラゲ科	チョウクラゲ	*Ocyropsis fusca*			★		★★	★★★	★		★	★	★	
	無触手綱	ウリクラゲ目	ウリクラゲ科	ウリクラゲ	*Beroe cucumis*				★★	★★	★	★	★★	★★	★★★	★	
				アミガサウリクラゲ	*Beroe forskalii*				★	★★	★★		★	★★			
				カンパナウリクラゲ	*Beroe campana*				★★	★★	★		★★	★★	★★	★★	
				サビキウリクラゲ	*Beroe mitrata*	★★	★		★★	★★	★★						
				シンカイウリクラゲ	*Beroe abyssicola*		★		★★	★★	★						★

参考にした文献

- 石井晴人『もっと知りたい！ 海の生きものシリーズ クラゲの宇宙 底知れぬ生命力と爆発的発生』恒星社厚生閣、2019
- ジェーフィッシュ『知りたい！ サイエンス クラゲのふしぎ 海を漂う奇妙な生態』技術評論社、2006
- 豊川雅哉、西川淳、三宅裕志 編『クラゲ類の生態学的研究』生物研究社、2017
- 平山ヒロフミ『くらげる クラゲ LOVE111』山と渓谷社、2013
- 峯水亮、久保田信、平野弥生、ドゥーグル・リンズィー『日本クラゲ大図鑑』平凡社、2015
- 三宅裕志『クラゲの秘密 海に漂う不思議な生き物の正体』誠文堂新光社、2014
- 三宅裕志『クラゲの不思議 全身が脳になる？ 謎の浮遊生命体』誠文堂新光社、2014
- 三宅裕志、ドゥーグル・リンズィー『最新クラゲ図鑑 110種のクラゲの不思議な生態』誠文堂新光社、2013
- 村井貴史『クラゲの図鑑 写真と動画で楽しむ魅惑の生物』北海道大学出版会、2022
- 安田徹 編『海のUFOクラゲ 発生・生態・対策』恒星社厚生閣、2003

※ここに挙げたもの以外にも多数の文献や資料などを参考にしました。

「もっと知りたい」執筆者紹介

伊藤浩史

担当：もっと知りたい『クラゲのシンクロ』

九州大学大学院芸術工学研究院 未来共生デザイン部門・准教授

1979年静岡県生まれ。博士（理学）。東京工業大学大学院総合理工学研究科博士課程、日本学術振興会特別研究員-PDを経て、2011年より九州大学大学院芸術工学研究院。体内時計や生物のリズムのデザインを専門とする。

上　真一

担当：もっと知りたい『エチゼンクラゲ大量発生』

広島大学生物圏科学研究科・名誉教授

博士（農学）。漁業などに大きな被害をもたらすエチゼンクラゲ大量発生の原因究明や対策に取り組む。2010年度日本海洋学会賞、2012年に第5回海洋立国推進功労者表彰（内閣総理大臣賞）の「海洋立国日本の推進に関する特別な功績」分野を受賞。

AMES, Cheryl（エイムズ シェリル）

担当：もっと知りたい『クラゲのカシオソーム』

東北大学大学院農学研究科・教授

東北大学・海洋研究開発機構 変動海洋エコシステム高等研究所（WPI-AIMEC）海洋生物統合研究ユニット・ユニットリーダー。大学2年生のときに来日し、水族館のクラゲと出会う。そこからクラゲを研究し、琉球大学で修士号、メリーランド州立大学で博士号を取得。ワシントンD.C.で2年間のポストドクターを経て、2019年にカナダから東北大学に着任。現在は、人間社会が海洋生態系へあたえる影響や相互作用の解明に取り組んでいる。

大塚　攻

担当：もっと知りたい『クラゲと魚の共生』

広島大学 瀬戸内CN国際共同研究センター・教授

農学博士。専門は海洋共生生物学、海洋プランクトン学。クラゲ類の共生動物の生態、微小甲殻類の分類、進化に関する研究に精力的に取り組んでおり、最近ではカブトガニの保全にも尽力している。日本動物分類学会、国際カイアシ類連合から学会賞、日本動物学会、日本海洋学会から論文賞を受賞。

大脇　大

担当：もっと知りたい『ミズクラゲサイボーグ』

東北大学大学院工学研究科 ロボティクス専攻・准教授

博士（工学）。ニューロロボティクス、リハビリテーション、生物サイボーグの研究に従事。令和２年度科学技術分野の文部科学大臣表彰若手科学者賞などを受賞。

落合淳志

担当：もっと知りたい『クラゲの刺胞（毒針）１』、『クラゲの刺胞（毒針）２』、『クラゲの目』

東京理科大学生命医科学研究所・所長

1956年広島県生まれ。がん研究者、医師。山形県鶴岡市において、国立研究開発法人国立がん研究センター鶴岡連携研究拠点形成に携わり、加茂水族館において客員研究員としてクラゲの形態学的な観察とクラゲ生活環の代謝などを研究している。

河村真理子

担当：もっと知りたい『クラゲの研究』

京都大学フィールド科学教育研究センター瀬戸臨海実験所・特定講師

博士（理学）。和歌山県白浜町のフィールドを活用した臨海実習や京都大学白浜水族館の解説ツアーを担当。著書に『小学館の図鑑 NEO ポケット プランクトン ～クラゲ・ミジンコ・小さな水の生物～』（分担執筆／小学館）など。

清水正宏

担当：もっと知りたい『クラゲがあやつるロボット』

長浜バイオ大学バイオデータサイエンス学科・教授

1979年愛知県生まれ。博士（工学）。東北大学大学院工学研究科助手、助教、大阪大学大学院情報科学研究科准教授、基礎工学研究科准教授を経て、2023年より長浜バイオ大学に着任。専門はバイオロボティクス。生体と機械をつなげるサイボーグを開発している。

田中啓之

担当：もっと知りたい『クラゲの筋肉』
北海道大学大学院水産科学研究院・助教

1965年北海道生まれ。専門は生化学。無脊椎動物の筋肉のタンパク質を研究している。10年ほど前、クラゲ好きの学生の進学をきっかけにクラゲの研究をはじめる。採集・飼育から遺伝子の分析まで取り組んでいる。

出口竜作

担当：もっと知りたい『エダクダクラゲの共生』
宮城教育大学大学院教育学研究科 高度教職実践専攻・教授

1967年大阪府生まれ。博士（理学）。1998年から宮城教育大学に勤務し、将来学校の教員になる学生に理科（生物学分野）を教えている。また、クラゲ、イソギンチャク、ウニ、エラコ、貝、ヒラムシなど、さまざまな海産無脊椎動物の生殖などをテーマに研究をしている。

戸篠 祥

担当：もっと知りたい『クラゲはなぜお盆に出るの？』
公益財団法人 黒潮生物研究所・主任研究員

1986年大分県生まれ。博士（水産学）。専門はクラゲ類の分類学、生態学。特にクラゲ類の新種発表や生活史に関する研究を進めている。2019年「日本プランクトン学会論文賞」、2022年「日本プランクトン学会奨励賞」受賞。著書に『世界で一番美しいクラゲ図鑑 海中を優美に浮遊する神秘的な生態』（編著／誠文堂新光社）など。

豊川雅哉

担当：もっと知りたい『クラゲはいつからクラゲって言うの？』、『知っているとじまんできる!? アート作品の中のクラゲたち』
国立研究開発法人 水産研究・教育機構・主任研究員

博士（農学）。専門はプランクトン学・海洋学・水産学。現在は、おもにエチゼンクラゲの分布や繁殖生態について調査・研究をおこなっている。

中内祐二

担当：もっと知りたい『パラオ海水湖のクラゲの進化』

山形大学理学部・講師

1964年高知県生まれ。博士（理学）。パラオ海水湖に生息するクラゲ類の進化の形態学的研究の他、刺胞動物や扁形動物のもつ原始的な筋細胞の構造について研究をおこなっている。

西川　淳

担当：もっと知りたい『クラゲはどうやって食用に加工するの？』

東海大学海洋学部・教授

1967年生まれ。博士（農学）。専門は海洋生物学。特に、クラゲなど体のやわらかい生きものの生態を研究している。著書に『クラゲ類の生態学的研究』（編／生物研究社）など。

野田直紀

担当：もっと知りたい『カブトクラゲの研究』

日本大学医学部・助教

専門は細胞生物学・生物物理学。研究のモットーは、「自身の研究の話をきいてくれた人が、ほっとしたり、笑顔になってくれるような研究をすること」。趣味は演芸鑑賞で、柳家喬太郎さんの「母恋いくらげ」を寄席できくのが夢。

半澤直人

担当：もっと知りたい『パラオ海水湖のクラゲの進化』

山形大学・名誉教授、山形大学理学部・後援会長、東京農業大学・客員教授

1956年福島県生まれ。農学博士。パラオ海水湖に生息するクラゲ類や魚類の進化、ビゼンクラゲ科の進化と分類、東北固有の淡水魚類の進化と保全の研究をおこなっている。

別所-上原 学

担当:もっと知りたい『クラゲの発光』

東北大学学際科学フロンティア研究所・助教

2017年に名古屋大学大学院にて博士（農学）を取得。クラゲの他にも、ホタルやアカイボトビムシ、キンメモドキ、サンゴなどさまざまな光る生きものを研究し、進化のふしぎを解明しようと取り組んでいる。

三宅裕志

担当:もっと知りたい『クラゲはねむるの？』

北里大学海洋生命科学部・教授

1969年生まれ。クラゲや深海生物の研究をしている。加茂水族館には、研究室の卒業生たちが勤務しており、彼らが飼育業務を通じて、クラゲ飼育技術の向上やクラゲの研究を精力的におこなっているのをよろこんでいる。『クラゲの不思議 ―全身が脳になる？謎の浮遊生命体』（執筆／誠文堂新光社）など著書多数。

山守瑠奈

担当:もっと知りたい『ポリプがクラゲを出すしくみ』

京都大学フィールド科学教育研究センター瀬戸臨海実験所・助教

1994年生まれ。京都大学で学位を取得後、2021年秋に同瀬戸臨海実験所に助教として着任。学部生のころはクラゲの変態、大学院から現在はウニをとりまく共生系を中心に研究。著書に『たくましくて美しい ウニと共生生物図鑑』（執筆／創元社）など。文鳥が大好き。

「もっと知りたい」監修協力

奈良県立万葉文化館

担当:もっと知りたい『クラゲはいつからクラゲって言うの？』

万葉のふるさと・奈良にふさわしい『万葉集』を中心とした総合文化施設。日本の古代文化に関する調査・研究機能、万葉に関する文化振興を図る展示機能、万葉集に関する情報の収集提供をおこなう図書・情報機能をあわせもち、史跡「飛鳥池工房遺跡」と共存している。

「もっと知りたい」写真協力

名古屋港水族館

加茂水族館 執筆者プロフィール

池田周平

●担当:『クラゲ100の質問』
もっと知りたい『クシクラゲの繁殖』・『海外でのクラゲ採集』

●好きなクラゲ:ミノクラゲ、ヒョウガライトヒキクラゲ

1987年埼玉県草加市生まれ、東京都葛飾区育ち。

小さいころから生きものが好きで、いろいろな生きものを飼ううちに、将来は生きものにかかわる仕事につきたいと考えるようになる。北里大学水産学部(現:海洋生命科学部)に入学し、水族館の飼育員をめざす。大学では深海生物に興味をもち、三宅裕志先生の所属する研究室に入って深海生物の研究をしながら、仲間といっしょにクラゲの飼育もおこなっていた。深海生物の研究は大学院まで続け、修了した後はいおワールドかごしま水族館に海獣担当として就職し、飼育員になる夢がかなう。その後すみだ水族館に転職して魚類担当となり、そこではじめて水族館でクラゲの飼育に携わる。数年後すみだ水族館を辞め、次の就職先を探していたときに加茂水族館の募集をみつけて応募し、採用される。加茂水族館ではクラゲ担当となり、2024年現在勤務9年目。

有櫛動物の繁殖に力を入れ、カブトクラゲの安定した大量繁殖方法を書いた論文「An effective method to mass culture a lobate ctenophore (*Bolinopsis mikado*)」を投稿し、2022年にPlankton and Benthos Researchに掲載される。2023年には大量に繁殖したカブトクラゲを用いた、ウリクラゲの安定した大量繁殖方法を書いた論文「An efficient mass culture method for *Beroe cucumis*」を投稿し、Plankton and Benthos Researchに掲載される。

佐藤智佳

●担当:もっと知りたい『これまで展示したクラゲたち』・
『「クラゲを食べる会」のはじまり』・
『水槽そうじ道具の工夫』・『オキクラゲの繁殖』

●好きなクラゲ:パルモ、シンプルジェリー

1983年山形県酒田市生まれ。

小学生のときに見たイルカショーの影響で、将来の夢はイルカショーのお姉さん、イルカショーのお姉さんが無理なら水族館にかかわる仕事をしたいと思うようになる。水族館業界で働くことをめざして東京の専門学校へ入学し、在学中に2度加茂水族館で研修を受けた。クラゲ・魚類・海獣すべてに携わり、イルカはいなかったものの加茂水族館での仕事が楽しく、ここで働きたい!と思うようになる。専門学校を卒業したときには加茂水族館で職員の募集がなく、地元の酒田市で就職。次の年に、欠員募集で声がかかり、加茂水族館で働く夢がかなう。現在はクラゲの飼育を担当し、2024年現在勤務20年目。

里見嘉英

●担当：もっと知りたい『海ごみ問題へのとりくみ』
●好きなクラゲ：シロクラゲ

1968年山形県鶴岡市生まれ。
鶴岡市立加茂中学校の卒業生。1995年に北海道大学大学院理学研究科生物科学専攻修士課程を修了し、帝人株式会社に入社。同社生物医学総合研究所で医薬品の開発・研究に携わる。2008年に博士号（獣医学）を取得。2019～2022年まで公益財団法人東京動物園協会のボランティア解説員として、上野動物園・多摩動物公園・井の頭自然文化園の3園で活動していた。2022年4月に加茂水族館に転職し、クラゲ飼育と学習会などの教育普及活動を担当している。2006年にはじめて訪れたガラパゴス諸島の生きものや現地の人々の保全活動のとりくみに魅了され、それから特定非営利活動法人日本ガラパゴスの会でも活動している。

玉田亮太

●担当：もっと知りたい『オワンクラゲの発光展示』・『日本三前クラゲ』・『クラゲの出現動態』・『飼育員の1日のスケジュール』
●好きなクラゲ：アンドンクラゲ、ボウズニラ

1990年徳島県徳島市生まれ、茨城県北茨城市育ち。
小さいころは、田んぼや水路で生きものを採集して育てたりして遊んでいた。北里大学海洋生命科学部に進学して無脊椎動物に興味をもち、三宅裕志先生の所属する研究室に入り、深海生物の研究やクラゲの飼育をおこなう。また、大学内に設立された北里アクアリウムラボというミニ水族館のメンバーとして運営もおこなっていた。大学院に進学して深海生物の研究を続けつつ、途中で長崎ペンギン水族館のペンギン担当として就職し、働きながらなんとか修了する。長崎ではフィールドにおもむき、クラゲの調査・研究を8年間継続した。どうしてもクラゲの飼育がしたくなり、加茂水族館に転職し、クラゲ担当となる。2024年現在勤務3年目。

村井貴史

●担当：もっと知りたい『クラゲの撮影』・『クラゲの採集』・『クラゲの飼育』

●好きなクラゲ：アリアケビゼンクラゲ
（好きなバッタは、ヤンバルクロギリス）

1967年大阪府大阪市生まれ。

小学生のころから家の近くの大阪市立自然史博物館に通いつめ、フィールドでも海の生きものや昆虫、植物などを観察していた。京都大学農学部で魚類を専攻し、博士（農学）を取得。大阪の水族館でクラゲの飼育をはじめ、加茂水族館のスタッフにさまざまなかたちでお世話になり、気がつけば移籍していた。できるだけたくさんのクラゲの写真を撮りたいと思い、カメラをかかえながら仕事をしている。著書に『クラゲの図鑑 写真と動画で楽しむ魅惑の生物』（執筆／北海道大学出版会）、『プロが教えるクラゲ飼育図鑑』（編著／北海道大学出版会）の他、『バッタ・コオロギ・キリギリス大図鑑』（編集委員／北海道大学出版会）など昆虫関係の図鑑が5冊。学生のころから30年以上、ずっとなにかの図鑑の出版に向けて生きものの取材をしてきており、今後も継続したい。

奥泉和也（館長）

●担当：もっと知りたい『人はときに思い上がり ときに学ぶことができる生きものである』・『クラゲ水槽の開発はびんぼうゆえ』・『クラゲ飼育はミズクラゲにはじまりミズクラゲに終わるのだ』・『クラゲ研究所のリニューアル クラゲ100種の展示をめざして』

●好きなクラゲ：ミズクラゲ

1964年山形県鶴岡市生まれ。

子どものころから海と釣りが好きで、海の近くで仕事がしたいと考えていた。1983年に地元の農業高校を卒業した後、アシカの飼育員として加茂水族館に入る。加茂水族館は1930年に開館した歴史ある水族館にもかかわらず、1996年には入館者が年間10万人を切り、閉館の危機になる。そんなとき、ぐうぜんサンゴの水槽で生まれたクラゲをみつけて飼育・展示したところ好評を博す。1997年にクラゲの展示にとりくみはじめ、2000年には展示種類数12種で日本一、2005年には20種の展示で世界一となる。現在、80種前後を展示し、世界のクラゲ飼育のトップを走っている。世界中から来る飼育員の研修も積極的におこない、国際的にクラゲ飼育をけん引する存在。2015年に館長に就任した。

鶴岡市立加茂水族館について

　1930年に山形県水族館として設立した、山形県唯一の水族館（2024年現在）。1997年度には入館者数が過去最低の9万2183人となったが、サンゴ水槽にぐうぜん発生したサカサクラゲへの反応がよかったことをきっかけにクラゲに特化した展示をはじめ、2000年にクラゲの展示種類数が日本一、2005年に世界一となる。2014年には愛称「クラゲドリーム館」としてリニューアルオープンした。2024年現在、80種類前後のクラゲを展示している。

　目玉の直径約5メートルの円形水槽「クラゲドリームシアター」には、1万匹以上のミズクラゲがただよう。館内では1日数回、飼育員がクラゲについていろんなテーマで解説するイベント「クラゲのおはなし」を開催。他にも、山形県の庄内エリアでみられる淡水魚・海水魚や、アシカやアザラシの海獣類（ひれあし類）、海ごみ問題や食育に関する展示をおこなっている。売店「海月灯り」では、ここでしか買えない「飼育員の暴走シリーズ」というマニアックなクラゲグッズを販売しており、とても人気がある。

　SNSでの情報発信にも力を入れている。毎週土曜日には一晩中クラゲのようすをYouTubeで生配信し（「オールナイトカモスイ」）、2024年8月からはメンバーシップを開設してマニアックな配信をおこなっている。

　さらに、クラゲの繁殖技術を活かし、大学や研究機関といっしょにさまざまな分野の研究を積極的におこなっている。2026年にはクラゲ展示室の拡大リニューアルを予定しており、クラゲの展示種類数100種をめざす。

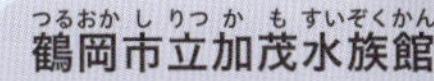

鶴岡市立加茂水族館

〒997-1206　山形県鶴岡市今泉字大久保657-1
Tel：0235-33-3036　https://kamo-kurage.jp/

教えて！ クラゲのほんと

世界一のクラゲ水族館が答える100の質問

2024年11月10日　第1刷発行

編著者……………………鶴岡市立加茂水族館

発行者……………………森田浩平

発行所……………………株式会社 緑書房

〒103-0004

東京都中央区東日本橋3丁目4番14号

TEL　03-6833-0560

https://www.midorishobo.co.jp

編　集……………………駒田英子、道下明日香

イラスト…………………晴れ隆雄

組　版……………………アップライン

印刷所……………………シナノグラフィックス

© Kamo Aquarium

ISBN978-4-86811-008-8　Printed in Japan

落丁、乱丁本は弊社送料負担にてお取り替えいたします。

本書の複写にかかる複製、上映、譲渡、公衆送信（送信可能化を含む）の各権利は、株式会社 緑書房が管理の委託を受けています。

JCOPY〈(一社)出版者著作権管理機構 委託出版物〉

本書を無断で複写複製（電子化を含む）することは、著作権法上での例外を除き、禁じられています。本書を複写される場合は、そのつど事前に、(一社）出版者著作権管理機構（電話03-5244-5088、FAX03-5244-5089、e-mail：info@jcopy.or.jp）の許諾を得てください。また本書を代行業者等の第三者に依頼してスキャンやデジタル化することは、たとえ個人や家庭内の利用であっても一切認められておりません。